溫柔的誕生

Pour une naissance sans violence

費德里克‧勒博耶———著　白承樺———譯

Frédérick Leboyer

　　1968 年，法國在經歷了一場大規模的全面罷工之後，《溫柔的誕生》（法文書名：零暴力生產）在 1974 年出版了。很難想像這本書在當時所引起的騷動。

　　正當全世界的母親們都熱烈歡迎它的同時，卻引起了各醫療機構的強烈抗議。

　　之後，又一點一點地，漸漸地冷卻下來。

　　書裡所提到的訊息是否被聽到、且被接受？

　　我不確定。

　　這感覺好比從喝一杯濃烈的葡萄酒，轉變為慢慢沖一壺能讓你睡個好覺的花草茶。

　　可悲的是（更不用說這有多令人尷尬），這個被標題誤導為「育兒」的書，被書店陳列在「糙米食譜」和「尿布」之間。

　　好吧，假如這本書不僅是在說明一種很好的分娩新技術，它的意義又是什麼？

生死攸關的故事。

死！我們談論的，不是出生嗎？

然而，有誰會質疑出生和死亡是如此接近？

生或死，通過的是同一扇門。

這聽起來相當可怕。

是的，太可怕了。

可以說，這場悲劇的主角是恐懼。

而孩子伴隨著恐懼一起出生。

當我們開始意識到，死亡的恐懼對我們生活所產生的影響，都來自於我們的無意識記憶，不像是肉眼所見的一般。

然後我們開始夢想……

假如這個與生俱來的恐懼，可以在我們出生的那一刻得到安撫、拯救，生活將會更加美好。

說來難以置信。

但，也只有從這個角度來看這本書，才能看清楚事情的全貌。

從我第一次讀這本書到現在，它一直伴隨著我。對我來說，猶如莎士比亞的《十四行詩》一般的經典。

這些年來，我一次又一次地拾起它，每次都會發現一些我以前錯失或是無法理解的新事物，隨著年紀漸長，對這本書的理解也加深了。

費德里克・勒博耶（Frédérick Leboyer）以新生兒的觀點來書寫這本書，就好像他就是那個所描寫的嬰兒一樣。他的語言天分無人能出其右。透過他的書寫，我們得以發現，「來到這世界」的這段經驗對寶寶來說，不僅困惑，而且可怕。

而我，也曾經是書裡所說的嬰孩，在多年後對出生有了不一樣的認識。我從自己的出生和兩個孩子的誕生中，獲得了所有經驗。我慢慢地意識到，出生和分娩是同一件事，毫無差別；分娩，讓女人回到她被生下來的那一刻。

這種對時間的新體會，可能會非常混亂。

分娩是在一種意識改變的狀態下發生的。

生，死，垂死，出生或分娩──幾乎所有的組合，都是一

趟前往「無人區域」的冒險。

　　而這本書揭示了所有的謎團，就像任何謎題一樣，你探索得越深，層次越高；你越了解自己，它就會給你越多。

　　對我來說，《溫柔的誕生》不僅是經典，也是我的枕邊書。

　　　　　宜芳　‧　費齊格｜英文版翻譯，作者的摯友

親愛的宜芳：

非常感謝妳寫下如此優美的前言。在短短的文字中，妳把我想說的都寫出來了，甚至超越了我所表達的。該如何解釋這樣的奇蹟呢？

原因很簡單：

愛爾蘭，是一個對生命、孩子充滿熱情的國度（在你個國家，少說得生四個小孩）。容我重申，身為愛爾蘭女性，妳是書寫生命、述說誕生，天賦異稟的詩人。

費德里克 · 勒博耶

除了樣貌以外，

沒有任何改變。

太陽總由東方，

來到我們身邊。

若非 Sw. 或印度，

此書難成。

想法也不會

來到我身邊。

努力想償還一點

我所欠下的。

嘗試要回饋一些

我所收下的。

謙卑地以此書

表達感激之情。

第 *1* 部

有一雙眼卻看不見

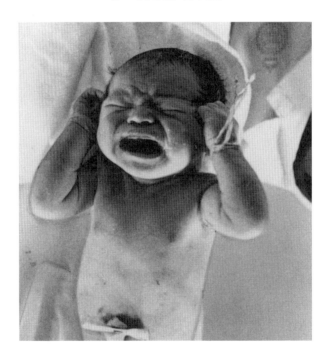

1

「您不覺得生命的誕生，是一件很棒的事？」

「誕生……是一件很棒的事？」

「是啊，您覺得嬰兒來到這世界時快樂嗎？」

「快樂？什麼意思？您不是認真的吧？」

「當然，我是認真的。」

「好吧……新生兒？」

「『新生兒』又怎樣？」

「新生兒並沒有快樂跟不快樂的感覺啊！」

「啊？為什麼？」

「新生兒還不能感受到任何感覺。」

「拜託！舉個例子！」

「難道您不這樣認為？」

「是我先詢問您的。」

「大家都這麼想吧？」

「這樣也算說明？」

「好吧，也許您是對的，大家都認為嬰兒看不見也聽不

到？」

「因此您也以為他們沒有知覺？」

「當然。」

「那他們出生時為什麼哭得那樣痛徹心腑？」

「嗯……不就是為了要啟動肺功能？」

「啟動肺功能？我的媽呀，您肯定沒聽過剛出生的嬰兒哭喊。為了練習呼吸也不用那麼誇張吧？」

「我當然聽過。但這也不能表示他們一定是因為受苦而大哭的。」

「您該不會以為嬰兒是為了要表達出生的狂喜，才哭成那樣吧？」

「我不覺得是這樣或是那樣。我說了，嬰兒根本沒有感覺。」

「容我再問一次，您為何如此肯定？」

「首先，他們還太小。剛出生時那麼小，能有什麼感覺？」

「天啊，真沒想到您竟然說出這樣不智的話。」

「您真的以為這跟年紀有關？還太小？」

「您難道忘了，愈是年幼的時候，情緒感受愈強。」

「年幼孩子的感受力大概比我們高出千倍，因此嬰兒經常會為了我們眼中微不足道的事情，感到極大的痛苦。」

「這絕對是個天賜的能力，同時也是個詛咒呀……」

「好吧，就算真的是這樣，要怎麼知道他們具備感受的能力？剛出生時總沒有意識，沒有吧？」

「意識？您是指他們沒有靈魂？」

「不不。我不是在說靈魂，我其實不是很懂靈魂。」

「那意識呢？您就知道意識是什麼了？」

「太好了，親愛的朋友，意識到底是什麼？終於有人可以解釋，快說給我聽吧！」

「呃，這個嘛……意識，其實就是……」

2

換個說法吧。我們總是會費盡心思去證明「芝諾的悖論」——飛毛腿阿基里斯追不上烏龜。

說太多反而看不清楚事情的原貌。

事實擺在眼前，簡單明瞭。

分娩時，嬰兒立刻放聲大哭。

無論多麼不合理，每個人都開心地笑了。

「喔，這孩子的哭聲多動人」母親開心地說。

小小的身體竟能發出這麼大的聲音，太厲害了！

難道說，嚎啕大哭只是反映身體機能一切正常？

也就是，人只是一台正常運作的機器？

或者，是在哭訴著受難的心情？

畢竟嬰兒是用盡全力哭泣，

難道還不能代表受了極大的苦？

也許對嬰兒或母親而言，分娩都是非常苦痛的經歷，一起承受了極大的壓力。

但就算這些都是真的，有人在乎嗎？

以新生兒被對待的傳統流程來看，應該是沒有人在乎。

唉，也只能怪那根深柢固的觀念：

「它」看不見、「它」聽不著……

當然「它」沒有感覺，不會難過、不會痛。

「它」哭、「它」尖叫。總之「它」就是個「東西」。

那萬一，

萬一「它」

其實已經是個「人」了？

3

新生兒，是人？

拜託，書裡才沒有這樣說。

那些書……

今日的「科學」，往往是明日的謊言。

我們要怎麼知道真實的樣貌？

不只依賴言語，還要觀察，

只相信事實真相，詢問當事人，那孩子，也許會有答案。

剛出生的嬰兒不會說話，比較難理解。

但想想嬰兒發出的哭喊聲，也許就是在表達情緒。

貓或狗也不是用我們的語言表達妒忌或生氣。

當說著不同語言的人被滾水燙到，管他是從中國、阿富汗或土耳其來的，光是看他彈跳起來的動作，也能理解他的疼痛。事實勝於雄辯，這是最直接的表達。

　　但真要談論痛苦，剛出生的嬰兒叫聲，無人能敵。

　　若還不能說服您，您自己睜開眼睛看看吧。

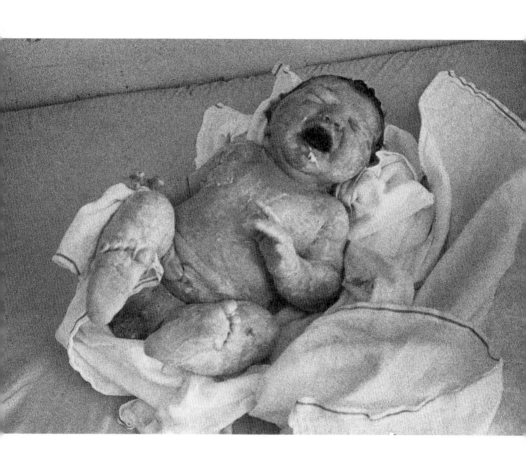

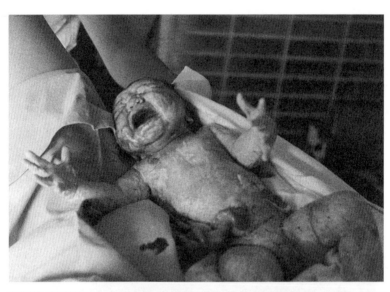

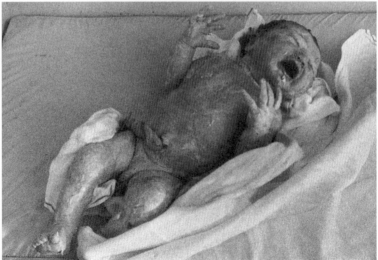

4

還需要多說明嗎？

受驚的前額、尖叫的嘴唇、緊閉的雙眼、深鎖的眉頭，伸出無助小手向外求援。

一雙小腳氣憤地來回踢動，蜷曲雙腿以保護脆弱的胃。幾乎像塊抽筋的肉。

嬰兒用盡全力呼喊著：「別！別碰我！別碰我！」

也像是說：「救救我！拜託誰來救救我！」

您怎能忍心認定嬰兒不會說話？

還有更令人心碎的呼喊聲嗎？

剛抵達人世的孩子承受著極大痛苦。

卻沒人聽見他的呼喊。

不奇怪嗎？

5

「您的意思是……嬰兒哭成那樣是為了……是為了要告訴我們？您別嚇唬我了。」

「怕了嗎？我能理解您的心情。這一切都是『因為看不見』。所有的藉口都變得很有道理：『這，是一個生命的誕生？』我們有目共睹，而您向我們展示的，是一個被折磨的孩子。」

這些殉難的孩子們，我們內心都知道，是存在的。

他們把孩子浸泡在沸騰的油裡，躺在熱煤上？他們必須受到譴責及追訴……

您用了各種藉口，逃避出生的真實樣貌，您的「心眼被矇蔽」了。

有人會說這照片不正常。這根本是被虐待的嬰兒。

不幸的孩子。

為什麼這樣對待他？

惡毒的父母？虐待狂？怪物？

沒有，他們就只是像你我這般平凡。「有眼睛卻看不見。」

這裡所有的人，是的，「看不見」。

正常地睜開雙眼，卻看不見。

生產並非虐待，卻被弄得像受虐一般。

如果還不相信，就自己看看吧。

6

現代版「神聖的家庭」。

父母開心看著剛出生的小孩。年輕的產科醫師也在微笑。

每個人都洋溢著驚喜，散發幸福的光芒。

每個人，如果孩子不算的話。

孩子？

什麼孩子？

您根本沒注意到那裡有個孩子對吧？

不！怎麼會這樣！

這表情痛苦得無法言語、小手緊握死命抱頭。

彷彿受到雷擊，隨時都會驚恐倒地。

像是一名受傷的戰士，在危急存亡之際。

這就是所謂的……出生？

根本是謀殺吧？

而且在這痛苦中，雙親竟然……欣喜若狂？

不過，這不可能是真的！

嗯，難以置信。

可惜，就是這樣。

是的，孩子就是這樣被生出來的。

7

很奇怪，我們竟然忽視它。

為什麼？

其實很簡單。

就拿那年輕的醫師來說。他為什麼高興？

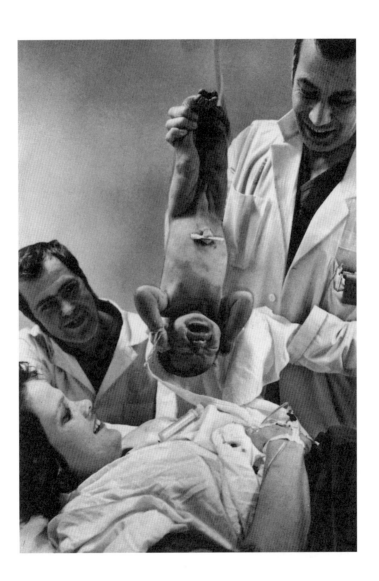

是孩子的幸福？

不是。

「他」完成助產工作。母嬰均安，實屬勝利。

他是在為自己喝采。

那母親呢？

這個女人欣喜若狂，是因為自己生出最漂亮的嬰兒嗎？

不全然是。

也許是因為這一切終於結束了。

她做到了！

終於能鬆一口氣，而且驕傲萬分。

為她自己感到驕傲。

父親呢？

這沒什麼貢獻的男人，也許想像自己有了後代。

我有子嗣了！

他當然該驕傲！

你看，每個人都好開心。

忙著為自己開心。

除了那嬰兒……

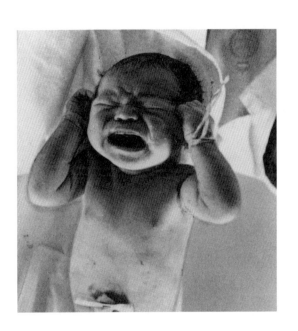

8

這難道不是悲劇？

是的。

這裡有許多盲點。

難道不該為盲目又視若無睹的自己，感到羞恥？

盲目地以為母親一定要受盡苦難才能生產。

如今「在痛苦中分娩」的刻板印象過去了，

無痛分娩已經是個選項。

現在，是否該為嬰兒做點什麼，爭取孩子的幸福？

就像我們曾經為母親做的一樣？

9

好的，來創造新的奇蹟吧。

該怎麼做？

無痛分娩已經準備好了，再來為年輕的小囚犯做準備吧？

我們是打算用精細的電極穿過母親柔軟的腹部，插在小小的頭顱上嗎？

不要吧！我們對今日的科技多少有了解。

什麼穿刺、探看、撕開、碎裂、解剖，卻忘記人類心理所暗藏的暴力。

年輕的科學家，未來諾貝爾獎得主，

往往以電子設備為榮、以野心為動機，

這些與往日以宗教為名，所犯下的罪行又有何異？

不同的時代，相同的衝動。

現代科技是答案嗎？

正好相反。也許答案在愛裡面。

只有在我們敞開心胸，試圖理解母親生產時的痛苦，

才能看清胎兒同母親，因為「害怕」產生的抵抗。

讓我們勇敢地面對，

也許在這麼久之後，

終於能聽見剛出世的嬰兒想說什麼。

第 2 部

出生即是苦難

——喬達摩

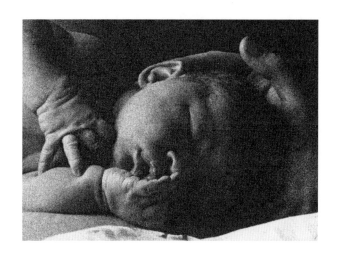

1

出生即是苦難。

不僅是分娩本身，來到人世間就是一種苦痛。

生小孩很痛，在無痛分娩發明前更是如此。

但我們常忽略嬰兒的感受。佛陀說「出生即是苦難」指的不是母親，而是孩子。

竟然知道有這麼一回事，那就試著了解原因吧。

出生到底為何如此恐怖……

2

比起痛楚，出生之所以受罪，更是因為害怕。

對嬰兒來說，外面的世界很嚇人。

整個分娩的過程，對胎兒來說，沉重地難以承受。

我們一口咬定新生兒沒有任何知覺。

但實際上，他們有感覺……什麼都感覺得到！

他們敏感的程度超乎想像。

當所有的感受同時襲來，有如一場暴風雨，

初來乍到的小小旅者還不知如何面對，

要被淹沒了、船快要沉了、大浪一波接著一波滾滾而來。

他們像張白紙，年輕，對任何體驗又相對敏感，

他們的皮膚新鮮且柔軟，不如「成人」漸漸鈍化，是年歲
或是慣息使然，宛如犀牛和鱷魚的厚皮。

3

從「視覺」談起吧。

新生兒看不見。

書裡是這麼說的，我們就深信不疑。

不然怎麼會用強光直射新生兒的眼睛？這是連外科醫師都
受不了的強光。

要不，試著調低光線看看。

真的看不見？

為什麼要為看不見的人調整光線？

該是張開眼睛看看的時候了。
張開眼睛的我們會看見什麼呢？

當胎兒的頭探出來，他張開眼睛。
還困在媽媽身體裡的他，快速閉上眼，小臉寫滿了無法言喻的痛苦。
米歇・斯多葛（Michel Strogoff）的眼睛被白鐵鑄的劍灼傷了。
朱勒・泛納（Jules Verne）是如何得到了這樣的靈感呢？難道我們想把苦痛和暴力的印記留在孩子身上，讓孩子發覺自己早已深陷狂暴之中？
難道我們找不到比這些刺眼強光更好的辦法嗎？

開始鬥牛前，得先激怒牛隻。
牛被關在黑暗中長達一週，當牠被趕進照滿強光、讓人無法睜眼的競技場時，他有什麼選擇？

當然又痛又怒，殺戮一觸即發。

4

再來談「聽覺」。

嬰兒看不見，

也聽不見？

在來到這世上前，嬰兒已從媽媽的身體裡，聽聞各種聲響。

骨骼喀啦喀啦、腸子咕嚕咕嚕、低聲鼓動的心臟。高雅又宏偉地拍打節奏，像衝浪般不斷起落。

「她」的呼吸，如暴風般。

還有專屬於「她」的聲音。

媽媽的心情、語氣，獨特的質地。

媽媽的一切交織著這生命──孩子。

外界的聲音從遠處傳來。

多美好的交響樂！

不過，這些聲音都被羊水過濾、包裹並模糊了。

一旦嬰兒衝破保護層，外界喧囂地難以承受。

人聲、哭聲，種種細小的聲音扎著這不快樂的孩子。

是誰夢想著能在產房低聲談話？

「用力！再用點力！」呼嘯的吶喊聲，這種推力「鼓舞」
著孩子，是的，吸引著孩子出來。

5

真是災難，無法開心的出生。

突然落入一個沒人在乎、意外殘酷的地方。

那新生兒的「觸覺」又是如何？

寶貝的肌膚，有被好好呵護？

寶寶什麼都感覺不到！

什麼都感覺不到。真的嗎？

他的皮膚能感覺接近的人友善與否，

也會因為害怕而顫抖。

這皮膚只接觸過輕柔和沾黏的膜，接下來要遇到什麼？

粗糙的毛巾、粗糙的表面，甚至是刷子。

喔，如遇荊棘。

這小東西被放進冰冷的金屬器皿裡，當然嚎啕大哭。

而我們，開心地大笑。

6

一旦瞥見，這折磨人的景象，任誰也會大喊：

「住手！住手！」

地獄也許真的存在。

一點也不抽象。

我們在煉獄裡被燒著。

不是死後世界裡的煉獄，

而是在生命之始，在產房裡，此時此刻。

不是故意將這有如荊棘和火焰的苦難加諸無辜嬰兒的。

火焰衝進寶寶的身體，咬噬臟腑。

還記得你抽的第一根菸嗎？眼淚不自覺流出，表情扭曲，難以呼吸。在嘗試吞下時，打嗝，接著咳嗽！

灼傷的感覺愈強烈，愈需要吸進更多新的空氣！這也許就是嬰兒吸進第一口空氣的感受。

火焰，比什麼都還要可怕的火焰。

孩子大聲哭喊，拼命想在這惡毒的火焰中，殺出一條生路，吐納呼吸。

生命初始，孩子大聲哭喊著：「不！」

生命被狠狠拒絕，在生命初始之時。

7

這樣苦難就結束了嗎？

那你就錯了！

嬰兒脫出母體的瞬間，他的腳踝被抓著倒掛在空中！小小的身體裹著濕滑的白色油脂。這樣一抓，老實說，可能會手滑、脫逃、掉落。

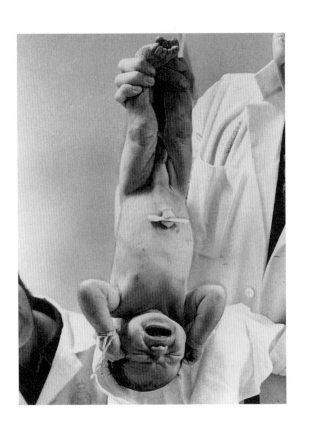

所以得緊緊抓牢才好。

好⋯⋯對誰好？

也許我們看來合理，但孩子呢？

把他吊掛在空中，真的好嗎？

他感覺到無來由的暈眩，像是在惡夢裡，坐著電梯突然從六層樓高的地方，掉落地面。

暈眩也好，焦慮也罷，這些感受都有著相同的名字：出生。

道理十分簡單，答案要回到子宮去找，看看這可憐的背脊經歷了什麼。

力量都「在腰間」，恐懼「在肩胛骨之間」。

「背脊的狀態」，實際上，就是我的心理狀態。

8

胎兒在子宮裡的日子，隨時序更迭。

一切都發生在兩個相對的季節，如冬天和夏天。

故事始於「金色時光」。

那一小片胚胎，一天天長成胎兒。

從植物變為動物。開始移動，冒出四肢，往邊際延展。

這小小生命學著擺動他的枝枒，揮舞手腳。

是的，金色時光：

這個小小的生命還沒有重量，也沒有負擔。

他在水中嬉戲，輕如小鳥，敏捷如魚。

在他專屬的城堡裡，無拘無束，無邊無際。

在懷孕前半段，受精卵（包覆寶寶的膜體，和泡在裡面的羊水）比胎兒長得快得多。

孩子在這裡可以恣意的生長，茁壯，沒有邊界，沒有時限。

我們對懷孕的時刻充滿想像：既平靜又令人醉心。

可惜，物換星移，那一天總會來的。

大自然的法則就是這樣。

日夜更替，春夏秋冬。

往日充滿嘻笑聲，自在快樂的幻境花園，

蒙上一層悲傷的陰影。

懷孕初期，胎盤比胚胎大的多。

到了中期，情況就對換過來了。

漸漸地，胎兒不斷生長，胎盤顯得非常擁擠。

小小的卵，變成胚胎，變成胎兒。

有一天，他就碰壁了。

「我的城堡竟然有牆！」

停止延展的胎盤，持續成長的胎兒。

天啊，這城堡不但有牆，還愈來愈小？

城牆不斷推擠胎兒。

昔日自由的皇儲只好臣服於自然，蜷縮身軀。

啊，那無憂的自由，那金色時光！

我的好時光一去不回頭。

您去哪了呢？

怎麼丟下我一人。

那曾經主宰一切的王，成了階下囚。

這不是一般的監獄。四周的牆還會逼進，

天花板愈來愈低，連脖子都伸不直。

像是大章魚張牙舞爪地緊抓獵物。

到了最後那個月，宮縮開始，

孩子接受訓練迎接將至的暴風雨。

起初很害怕，漸漸地也習慣了，開始喜歡這樣的擁擠。

他覺得被擁抱著，被愛撫著。

他愛上了這感覺，也開始期待。

他低下頭，屈著背頸。接受一切，等待破曉。

直到那天，等待總算有了回應。

圍牆不僅是束縛，還動了起來。

溫暖的撫摸，緊緊懷抱。

到底怎麼了？

沉浸於歡愉的他，毋須害怕。

先前顫抖不已的驚嚇，現在讓他十分陶醉。

這次他仍拱起背脊，彎著頭，靜心等待。不同的是，他有
了想法，開始期待著。

這是怎麼一回事？

該如何解釋呢？

子宮收縮。

暴雨將至，得做好準備。

9

過了一陣子，某天……

溫柔的浪潮揭開暴風。

規律地擁抱變得急促兇猛。

咬牙切齒、拔山倒海而來。

曾經歡愉的擁抱、愛撫，只留下恐怖。

不再被珍視，只剩下追捕。

我以為那是真愛。

那為何現在要推開我、把我往死裡送？

你這是要置我於死地？無情地將我推進……無底洞……

孩子極盡所能抵抗。

他不要出去、不要離開、不要逃脫……

什麼都好，但不要掉進那一片空白。

不想被放逐、不願被遺忘。但他能有多少勝算？

背僵硬得不得了、頭埋進肩膀，心都要跳出來了。

一團恐怖，這不是孩子。就像

釀酒的葡萄被壓榨，四周牆面不斷推擠。

他的牢房變成一條通道，唯一狹小的出口。

他的恐懼化作憤怒。

他氣得用力抵抗。

該死的牆，你敢殺我，我就要你好看。

但，這圍牆其實是……

我媽媽！

那孕育了我，愛我的媽媽！

她是瘋了嗎？

還是我？

這怪物不肯罷手。

我的頭，我可憐的頭，首當其衝，痛苦不已。

要爆了。

盡頭不遠了。

死亡肯定是終點。

這可憐的孩子、悲憤的小生命，

他又怎能知道，要經過這最深最暗的隧道，

才有機會迎向

生命之光！

10

怪物又來了⋯⋯接著所有的事情都亂了套。

土牢消失了，我被釋放了！

沒有牆圍著我了。什麼都沒有了！

難道是宇宙大爆炸？

不。

是出生了⋯⋯

全是空。

自由，無法駕馭的自由。

在被壓迫之際，至少還有個形狀。

該死的牢獄！

媽媽，媽媽在哪裡？

沒有妳的我，能在哪裡？

沒有妳，

就沒有我。

回來，快回來，

來抱抱我！來擠壓我！

是我呀！

11

恐懼從背後襲來。

敵軍趁人不備。

孩子焦慮不已。原因很明確，

因為他失去了擁抱和被保護的感覺。

他蜷曲數月的背，在子宮收縮時如拉緊的弓。

箭在弦上，一觸即發。

出乎意料之外。一切發生得太快，

還來不及淺嚐突如其來的自由。此時，

將嚇壞的孩子擁進懷裡，便能安撫他。

好比協助突然浮出水面的潛水員適應氣壓。

奈何，愚蠢如我們，不但沒有這樣做，

反而緊抓他的腳踝，吊掛晃動。

好不容易突破難關的頭，被我們甩來甩去。可憐的孩子所
看到的世界，是個不停旋轉的漩渦，頭暈目眩，難以忍受。

12

從溫暖安全的子宮，經歷驟變好不容易出世的孩子，

落在哪裡呢？

冰冷尖硬的磅秤上！

冷若冰霜，或像火在燒。

若說這些旁觀的成人為虐待狂也不過分。

嬰兒哭得很大聲，更大聲，超級大聲。

但每個人都欣喜若狂。

「你聽！聽他哭得多大聲！」

哇，這麼小的東西竟然能發出這樣大的聲響。

13

他再次起飛。

被抓著腳踝吊掛著。

頭暈腦脹。

他被放在桌子，哪裡有空位就放那。就一下下。

現在來點眼藥。

強光直射入眼不夠，再下一劑猛藥。

我們是成人，我們決定就好。

一切都在我們的掌控之中。

強拉著敏感的眼皮，撐開才能將藥水點進去……

就幾滴。

灼熱刺痛的藥水（來預防一種早已根絕的疾病。

敏感如他，緊閉雙眼，死也不肯配合，瘋狂掙扎）

14

終於可以獨處了。

漂泊在這不可理喻、精神錯亂、充滿敵意的世界裡。

一旦我們靠近，他便開始發抖，叫得也更大聲。

快逃！走開！

哭到快要沒有力氣時，哭得快要斷氣之際，在痛苦的邊境上：新生兒找到了脫逃的辦法。

是呀，無法用雙腳跑開的他，逃進了自己的臂彎和雙腳間，像胎兒一樣將自己蜷曲，像一顆球一樣的安全。

他否定了自己的誕生，拒絕了這個世界。

在這個姿勢裡，重新找回了天堂，彷彿將自己囚禁在子宮。

15

好景不常。我們把孩子抖開，穿上衣服。

你必須要像個人一樣，來榮耀母親。

你必須要反映出母親的高雅！

為了她，你就好好忍受這又緊又窄，

上面還有千千結的東西吧。

16

退無可退。

累壞的孩子只好投降。

他讓自己陷入他唯一的朋友的懷抱，像一個避難所：

在自己的臂膀中入睡。

17

是的，這就是生命的誕生。

折磨、虐待、謀殺，無辜。

我們怎麼會天真、無知到以為這些經驗都能不留痕跡？

生命在經歷這一切後，毫髮無傷、不留下任何印記？

這傷痕刻在我們的身上、骨上、背上，

與我們瘋狂的惡夢裡，無所不在。

這世上所有愚蠢透頂的事：折磨、戰爭、監獄。

若少了悲劇英雄奧德賽，

那些神話、傳說、聖經故事該何去何從？

第 *3* 部

問題即答案

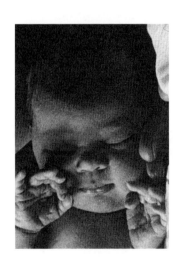

1

「要怎麼協助即將出生的孩子，幫他做好準備？

安上電極嗎……？」

我們好困惑。

其實該準備的不是嬰兒。

而是「我們」自己。

我們得張開「我們的」雙眼，終結盲目。

只要動點腦，一切都很單純。

2

一切均始於矛盾。

好不容易被放出牢籠的孩子，第一件事竟然是大聲哭叫！

有人說，犯人從牢裡獲釋也是。

走出牢房的門、重獲自由的人，一時不知如何是好。

甚至出現一些不合理的行為，好像希望再被關回去。

且下意識地待在牢欄之後，才能感到安全。

看到出世的嬰兒驚嚇哭喊，大人納悶想著：

「你為何哭泣？此時的你應該要雀躍無比呀？

為什麼看來卻如此悲慘？試著理解你的處境，

這是前所未有的自由呀！」

「為何不伸展看看，你可以自由的動作和遊戲耶！

這樣的你，為何哭泣？」

無比的困惑。該如何勾勒出理解的輪廓？

如何去理解這個嬰孩？

非常簡單。

我們必須用孩子的語言去溝通。

不受限年齡或文字，必須運用全體人類的共通語言。

愛。

對新生兒……說愛……？

對呀！

不然您以為愛人是怎麼溝通的？

他們什麼也不說，只是撫摸著。

害羞地滅了燈，愛人特別喜歡黑濛濛的夜色。

在寧靜曖昧的黑暗中，找尋著彼此，伸出雙臂，像溫暖古老的牢，緊緊套著彼此，與世隔絕的享受安全感。

用手訴說，身體傾聽。

溫柔且充滿愛意的手，在寧靜和黑暗中，順著「他」的呼吸起伏，輕輕、慢慢地，他們便能感到安全。這就是和新生兒溝通的方法。

讓我們隨著每一種感官，一步一步學習。

3

首先是「視覺」。

讓我們像戀人一樣把燈光調弱吧。

誰想要在鎂光燈下做愛？

要不留下最低限度的光線，

讓醫師能觀察母體的風險狀態並檢測新生兒就好。

這影子多麼令人安心。讓母親也能辨識燭光的低語。

閉上眼總是能聽得更清楚，不是嗎？

4

再來是生產環境的「聽覺」效果。

答案再簡單不過：「安靜」即可。

這看似簡單的事，實際執行起來卻不如想像容易。

人的內心往往充滿雜音。

周圍有其他人的時候，更是如此。

想到就說是人的慣性，

但很多事情只有靜下心聆聽，才能得到更深層的，

那些言語無法表達的訊息。

內心的「寧靜」可不是一直在那裡待命，而是得發自內心將它喚醒。

　　第一批在「寧靜」的產房中生產的人，其實相當不習慣，覺得很奇怪，甚至很害怕。

　　在嬰兒快要被生出來的階段，

　　產房裡其實不需要任何對話。

　　只有在一片寂靜中，能感到某件相當嚴肅的事正在發生。

　　這安靜的狀態可比「安寧」病房中的「寧靜」。

　　也許生與死本質上有些相似，

　　我們得跨過某一條線，才能到達。

　　孩子會受到這樣刻意營造的寧靜影響，雖然如此強大的力量從何而來、為何發生很難解釋清楚。

　　但是恐懼被袪除，孩子內心洶湧的不安也被壓制住了。

　　若必須下指令或溝通什麼，就小小聲地說吧，用幾乎聽不見的低聲輕語。

我們初期在產房輕聲細語，反而讓產婦極度不安。

她只聽見一片寂靜，卻誤以為自己聽不見……

孩子因此相當平靜。

但此時母親的雙眼掃過每個人，企求得到答案。

她突然忍不住大喊：「我的寶寶怎麼沒有哭？」

樣子十分可怕、讓人煩惱、令人心碎！

像是孩子得不到期待已久的玩具，那樣哭鬧：

「我的寶寶怎麼沒哭呢？」

我們壓根沒想到。或者我們應該在生產前先告知，寶寶可能完全不會哭。

這寧靜讓我們都很放心，完全無法預料「寧靜」會嚇到母親。母親繼續絕望地哀嚎著：

「我的孩子沒能活下來！」

這真是滑稽。

「您的孩子沒事！」我們小聲地說。

低聲耳語讓事情變得更糟了。

「那你唏唏嗖嗖地做什麼？我的寶寶是死了嗎？

喔不！我的寶寶死了。」

死了？孩子正在蠕動，想用他的肚子前進。

「停下來看一看。」「死人是不會動的。寶寶在動呀，而且他很開心，您都沒有察覺嗎？」

但她聽不進去。

這經驗讓我們學到，我們該事先預告可能會發生這種情況。一個開心又安靜的新生兒太出乎意料。這是一個嶄新的概念，與既有的理解背道而馳。

也許有一些遲了，我們仍試著解釋，寧靜是為了表示對孩子出生的尊重，也考慮到他的聽覺感受，避免音量過大而嚇到他。

我們試著解釋孩子不一定得在苦難和驚叫中出生，就好比母親不需要去地獄一趟才能將孩子帶來人間。

我們說得太慢，母親們的眼裡滿是懷疑和遺憾！

「您的孩子現在的狀況十分良好」，我們不斷地鼓勵母親。

「您們是說真的？」母親不敢置信地問。

平心而論，甫出生的嬰兒只需發出一兩聲呢喃，小小伸展一下四肢，然後就能完全放鬆地迎向新世界。光是這樣已經很令人吃驚了。

「媽媽在生產過程中沒有嘶喊，面帶微笑，容光煥發……」與我們先前對分娩的印象完全不同。

產婦們老是被告知，要對一切難以預料的情況，做足準備。

沒有任何討價還價的空間，還必須生氣勃勃，有意識的嘶喊大叫。

那些指揮產婦的人必須理解，即將出世的孩子是聽得到的，母親這樣大喊，對嬰兒敏感至極的耳朵，很容易形成傷害。事已至此，這些參與生產的人，應該要開始學著去愛這個嬰兒，而不是他們自己。

嬰兒，不是玩具，也不是裝飾品，是一個活生生來到這個世界的生命，將自己託付給這些大人們。我們該協助母親們認知並體會到：「我是他的媽媽」的這個事實，而非「這是我的孩子。」

5

這寧靜的一課不只針對母親，更值得產房裡所有人學習：

婦產科醫師、助產師和護理師。

為了鼓勵產婦，這些人習於在產房裡大吼大叫。

「您可以的！用力！用力！」完全是場誤會。

分娩中的女人進入意識轉換階段，對身邊任何細小的聲音或動作都非常敏感。

原本以為能激勵母親的呼喊，其實只是干擾。

6

黑暗之中尚有一絲光線，還有寧靜

深邃的平和感佇立在這個空間。

還有對這個即將抵達的旅行者，這個寶寶的尊重。

我們不會在教堂裡大聲喧嘩。出於直覺將降低音量。

若有什麼地方再莊嚴不過，肯定是迎接孩子到來的產房。

微弱的光線和寧靜，還有什麼是必須的呢？

耐心。或更精準地說，學習緩慢、近乎靜止的能力。

缺少進入內心的寧靜入口，不可能成功與寶寶溝通。

要想接受這緩慢，都需要練習準備。

對母親和其他助產的人來說都是這樣。

要成功的話，我們必須再次理解寶寶

是從多麼奇怪的世界降臨。他一公分一公分

或更小步地往地獄降落。

若無法用自己的身體去體會，就不可能了解出生。

必須要跳出「我們的」時間和習慣。

跳出我們對時間的快速流動和個人喜好。

我們和新生兒的節奏幾乎無法同步。

一個很慢，幾乎是不動地。

另一個，我們近乎狂暴的鼓動。

除此之外，我們不曾「在這裡」。我們總是在其他地方。

在過去，在我們的記憶裡。

在未來，在我們的計畫裡。

我們總是在以前或是以後。

從不曾專注於「這裡和現在」！

若想與新生兒相見，我們的時間得慢下來。

好似很難達成。

我們該如何跳脫，該如何停止時間狂暴地流動？

相當簡單。

在這裡就夠了。

是的，好似沒有昨天，也沒有明天的，活在當下。

只消起心動念，想著這瞬間即將結束，

或還有計畫在等著我，都會失敗。

我們該如何讓零和無限相遇？用充滿熱情的專注力。

觀察者發現了新生兒，他從未見過。

他好驚訝……便忘卻了所有的事情。他理解了一切。

他消失了！更多的觀察者！只有寶寶留在這裡。

助產師、我們都變成「他」；

在起點與終點的永恆門檻，一起飛翔，一起等待。

7

舞台已經準備好。燈光熄滅，帷幕降下。

孩子可以出場了。

8

我看到他了……

先是頭，再來是肩膀，這過程有時很順利，有時則需要外人幫忙。頭出來之後，孩子就會想要呼吸，但相當困難，因為他的胸部還卡在媽媽的身體裡面。

頭得先出來，肩膀才能接著出來。肩膀要是卡住出不來，就要快點給予協助。

怎麼做呢？

將一隻手放在嬰兒的腋下，稍微轉動身體，他就能自己出來了。

然後扶著他的小胳臂，提起來，直接放到媽媽的肚皮上。

要特別留意在整個過程中，千萬別碰到寶寶的頭。

　　寶寶現在躺在媽媽的肚皮上。

　　當寶寶還在媽媽肚子裡時，媽媽的肚皮又凸又圓。

　　寶寶出來之後，肚子凹陷下去，成了一個最適合寶寶的搖籃，像是一座等著寶寶的巢。

　　還有什麼地方比這裡更適合寶寶？

　　媽媽的肚皮又柔又軟，新生兒隨著媽媽呼吸的節奏律動，加上媽媽的體溫，再完美不過了。

　　寶寶靠著媽媽，臍帶也自然地留在彼此之間，和媽媽待在一起多麼重要。

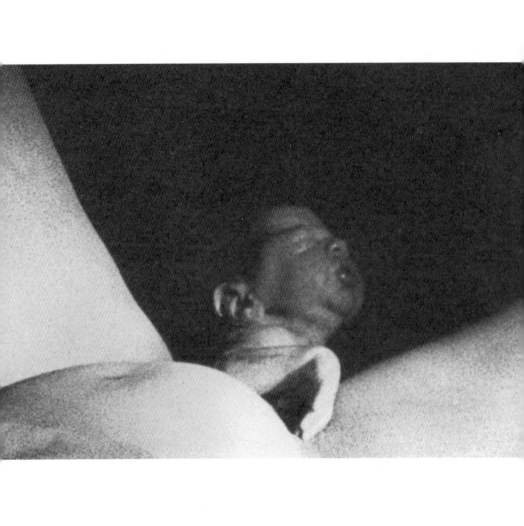

9

　　寶寶剛離開母親的子宮就馬上剪掉臍帶，是極度殘忍的手段。這對寶寶所造成的傷害相當大。

　　保留臍帶繼續跳動，便能改寫整個出生的經驗。

　　等待臍帶停止跳動，是在要求接生者更有耐心，與母親一起尊重並跟隨孩子體內自然的生理節奏。

　　我們先前已描述過空氣突然進入寶寶的肺臟時，感覺可比火燒。

　　不僅如此，在寶寶出生之前，他與環境是一個整體。

　　外面的世界和他自己沒有任何分別。

　　他沒有什麼相對的概念。

　　像是他不知道什麼是冷，或冷是相對於熱的感覺。

　　母親的體溫幾乎可以說是寶寶的體溫。

　　這樣的狀況很難學到相對的概念。

　　你也可以這麼想，在出生之前，寶寶不知道什麼是裡面或外面，就像冷熱沒有差別那樣。

　　在來到充滿相對的世界時，他開始發現了這些對立面，就

如同無法切割的敵人與兄弟。

究竟是哪扇門開啟了寶寶前往世界的通道？

不是透過他的感官，那是晚一點之後才有的事，而是呼吸。

當他吸進第一口氣時，衝破了臨界點。他吸進一口氣，相對的動作就自動誕生了：他呼出一口氣。

呼⋯吸⋯吐⋯納⋯

就這樣，他啟動了一個不可逆的無限循環，世界運行的法則，不會停止的波動。

一切都將重覆循環地回到這呼吸的脈動。

他來到這個世界，所有的一切都相生相剋，永無止息：夜生日、冬生夏、貧生富、柔生剛。生生不息。

10

呼吸是為了要和外面的世界合而為一，與脈搏的跳動互相調和。

更簡單地來說，呼吸運作的方式是將氧氣帶入血液裡，同

時掃除不要的，特別是二氧化碳。

外面和裡面的世界因為這簡單的交換，試著向彼此靠近，混合和碰觸。

小小的「我」和廣大的宇宙，生物的內在世界和外邊的世界，原本分開的兩個世界，欲合而為一。

發自身體深處的血液，和從上面來的空氣，在肺臟裡相會。

血液和空氣急著交融，緊張地想要混合在一起。

肺泡膜設下柵欄，將兩者不情願地分開。

血液到了肺裡，耗盡了氧氣，花光了力氣，剩下黑黑的廢棄物：二氧化碳使它老去。

在肺裡面，血液將重拾能量，擺脫老態，重拾年輕。

途經肺臟，經過清純的泉源洗禮，血液鮮活、紅潤、富氧地繼續旅程。

它繼續往更深處前進，一路卸下他的豐潤，直到載滿廢棄物後，再運載回那青春之泉，肺臟。我們稱其為肺循環。

循環永不止息。

歷經長途旅行的體循環，將心臟中的血液運送往王國的遠端：頭頂，四肢，以及各臟器腸道。肺循環運行攜帶缺氧血離

開心臟，進入肺部進行氣體交換後，再將充氧血帶回心臟。

　　當胎兒的肺臟尚未發育到能行使功能之前，這個循環要怎麼進行呢？

　　跟成人一樣，胎兒體內的血液必須不斷更新。

　　胎盤有許多功能，其中一項便是負責更新血液。

　　胎兒的血流通過臍帶進進出出，臍帶則由三條導管組成：一條靜脈和兩條動脈。

　　胎兒無法藉由與空氣的直接接觸來換新血。胎盤和母親的血液接觸，與母親的肺臟進行循環。

　　正如同母親為胎兒進食，也為他呼吸。母親帶著胎兒移動，保護他，和他一起進入夢鄉。

　　在胎兒出生之前，他的確是全然依賴母親的。

　　那在出生之後又是怎樣運作的？

　　瞬時，大動亂發生了：一向通過臍帶的血液，突然冒險地往年輕的肺臟前進。

　　新生兒捨棄慣有的路徑，離開了母親的道路。

　　在他呼吸之際，當他自身的血液經過肺臟氧氣時，成為他自己了！他說：「我不再需要自己和世界之間的仲介了。這麼

一來，我們之間還共享了什麼？」

用第一口呼吸，往獨立的道路上邁進，雖然這只是個開端，除了自己呼吸以外，這個生命還是完全地依賴他的母親，但這是個對的方向。

往自主、自由的方向前進。

事實上，這個轉換進行的方式，決定了出生的調性：是緩慢地、漸進地，抑或是在焦慮與恐怖之中粗暴地發生。

這是一次溫柔的誕生，還是一場悲劇……

11

大自然一向不會突然以跳躍的方式運行。出生便是一個例子：從世界的一邊到另一邊，從一個階段到另一個階段。

該如何使這矛盾和緩？大自然能將這嚴酷的過程軟化嗎？

答案很簡單。

大自然充滿愛與智慧，只是因為我們過於盲目，不願看見。

大自然早已將出生的一切都安排妥當，因此不要干擾大自

然本身的節奏。

（當轉換驟然發生，將影響孩子終生。今後發生的任何改變，都會讓寶寶感受到威脅。）

可以確信的是，孩子在任何情況下，絕對不能缺氧。

缺氧症（anoxia）：神經系統相當敏感，無法承受缺少哪怕是一點點的氧氣。萬一孩子短暫缺氧，可能會造成腦傷，永久性傷害。

所以無論如何，在出生時，孩子千萬不可以缺氧，一秒都不可以。

這點醫學和自然界都完全同意。

孩子能自然地由兩種途徑得到氧氣：當肺開始行使功能，臍帶依然能繼續跳動著來供氧。

這兩個系統接力著，交替地工作。

臍帶繼續供應氧氣給孩子，直至新的肺循環系統完整接手。

孩子離開子宮時，與母親仍然留有臍帶的連結，臍帶強烈地脈動著，可以持續四到五分鐘，或是更久。

臍帶的供氧能避免缺氧症，這麼一來，孩子便能照著自己

的速度，不需要經歷驚嚇或是危險地，慢慢學會呼吸。

血液由過去流經胎盤的路線，轉換到新的肺臟功能，在這關鍵的數分鐘之內，我們應該做些什麼呢？

大自然有她自己的節奏。她之所以留下了這一小段時間，就是為了要讓兩個世界之間的轉換更平和。

寶寶在這交疊的數分鐘內，同時可以用兩種系統得到氧氣。來自臍帶與肺部，從一個到另一個系統，溫柔地交接了。於此同時，心臟上有個小孔會關閉，寶寶就這樣進入了一個自己的安全小世界裡了，不見得需要哭喊。

這幾分鐘內，寶寶在兩個世界的交界處，慢慢地，從一邊往另一邊，和平地，輕鬆地，安全地跨過去。

我們要做的，就是不要介入，不要催促這個過程。試著不要用我們自身出生的經驗，去啟動舊有的反應：焦慮，緊張。

（即便在這個時刻，一種奇妙的情緒驟然生起，帶我們追溯到出生時的苦痛。）

12

這樣一來，對孩子的身心健康，有極大的正面效果。

驟然剪斷臍帶，或等它停止跳動，決定了孩子來到這世界的感受。

也會影響此生面對各式改變的態度。

您也可以看作，他對這個瞬間的觀感，影響此生看待事情的眼光。

倘若我們馬上剪斷臍帶，這是與大自然原意相反的，當臍帶被鉗住時，肺可能還沒完全準備好，孩子就有缺氧的風險。

身體對這樣具侵略性的手段，得暴力回應，使整個生命系統承受壓力：

焦慮、激動不已、嘶聲力竭的哭喊、極大的痛苦。

我們促成了極大的壓力！

倘若您只是想測試看看警報器是否運作良好，

恭喜您，一切都很完美。

不過這樣荒謬，同時設下巴夫洛夫的「經典條件反射」；

生命和呼吸，呼吸和死亡將至的恐懼，此生將不斷重演。

看看我們都把什麼連結在一起了？多麼天才！

我們將「呼吸和攻擊」綁在一起交給了孩子，生命是您要不斷去攻擊的對象！

孩子被放在無法抉擇的痛苦面前：愈是深深呼吸，愈感到被火灼燒的痛，還要叫得夠大聲，才能趕走灼熱；

不然得忍住呼吸，承受溺水的感覺……

繼續下去就得精神官能症了。

我們提供年幼航海家的選項，是被大浪捲走，

或被大火吞噬！

您可以請朋友搗住您的口鼻，緊緊的按住，只需要三十秒，我們就會氣喘吁吁求饒了。

13

我們若能尊重臍帶跳動的節奏，事情就會很不同，生命開始的經驗也會比較美好。

孩子同時接受兩種管道的氧氣，大腦缺氧的機率會比較小。

您可能會追問，為什麼在臍帶到肺的自然轉換情況下，孩子還是哭了？

　　從一個世界到另一個世界，前進的道路都很和平。沒有壓力，也不需緊張。

　　血流順利交換。肺也正常運作。

　　長期被壓迫的胸廓，突然間被釋放，自由地擴充著，因此出現了空隙。

　　空氣衝進去，那感覺像是灼傷。

　　憤怒的孩子自然想把空氣趕走。

　　發出第一聲哭喊。

　　然後，通常就會停止。

　　好似對自己的苦難錯愕不已，暫時停頓。

　　也有可能會哭個兩三聲才停下來。

　　當孩子停下來時，換我們開始緊張了。

　　然後，通常……

　　我們會接著打孩子的屁股。

　　既然現在對大自然有更多的信任，

對臍帶強而有力的脈動更了解，

我們得控制住衝動。

馬上就能看見……

孩子隨著自己的節奏繼續呼吸。

一開始有點遲疑，膽怯，謹慎，偶爾會暫停一下兩下，稍作休息。

臍帶持續供氧，數著自己的節奏，緩慢吸進可以承受的灼熱空氣。

然後休息一下，再繼續。

慢慢適應之後，就會吸進更多，更深的一口氣。

不久便開始喜歡呼吸。剛開始覺得是痛苦的經驗，因此很猶疑，現在則感到歡愉。

也就是哭了那麼一兩聲。

從未、更不曾聽見恐怖的叫聲，

絕望的哀號，歇斯底里的尖叫。

我們現在聽到深刻和諧的呼吸聲，以短短地哭聲做頓點，驚喜作為驚嘆號，甚至能聽見喜悅。

發出「呃！」的小小聲響，

有點像樵夫或摔角選手發出的聲音。

我們也聽見寶寶用嘴唇、鼻子和喉嚨發出的聲音，混雜在呼吸之間，交織成完整的語言。

14

出生像從又長又舒服的睡夢醒來，不見得是噩夢一場。沒有後悔，也毋須回頭。

孩子很滿意這個新的經驗，淺嘗所有新鮮的事物，很容易就能將過往拋諸腦後。

現在是如此愉快，誰又會迷戀過去？

臍帶停止跳動了，現在，可以把它剪開。

沒有一絲聲響、毋須哭鬧、不須焦急，甚至不用渾身發抖。

陳舊的，就移除吧。

將過去的羈絆留在腦後。

我們不是要將孩子從母親手中搶奪過來，他們就只是分開了，往自己的道路上繼續前進。

小小旅行者的旅程劃下快樂終點，又何須留戀過去？他抵達的地方是如此寧靜。

這樣的出生是多麼明智、多麼幸運。

留下臍帶持續跳動著，就好像媽媽陪著寶寶到了新的世界，引領他進入這望而生畏的世界。

就像是寶寶開始學走路時，她會伸手隨時支持那樣。

孩子隨時可以抓著媽媽的手，並在他跨出第一步時才慢慢放手。

孩子就這樣慢慢地增加自信心，建立自己的能力。

當媽媽收回她的手，

她的內心依舊還不如此確定；

孩子要出去冒險了，

孩子即將踏出他的第一步了嗎？

突然剪斷臍帶，就像要媽媽在還沒有做好心理準備時，便貿然放手。

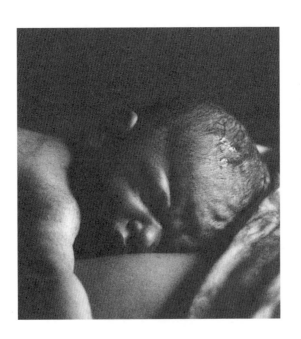

15

學著尊重出生的神聖時刻，

如此的脆弱，如黎明破曉，稍縱即逝、難以捉摸。

站在兩個世界中間，孩子猶豫、試探、不確定該往哪裡去。

拜託別在這時候碰他、推他，除非您想要他失足墜落。

直到他感覺時候到了。

有看過鳥如何起飛？

他還在練習走的時候，拖著翅膀，看起來很笨重。

然後您看他往前走了幾步，

突然

飛起來了，

優雅、自由，他離開了地表，乘著風。

他本是大地之子，現在變成天空之子。

您會說他為了一個王國而放棄了另一個嗎？

眼睛很難捕捉到如此細微的變化。

進出時間，

出生或是

死亡。

難以察覺、勢不可擋的潮汐，捲起，只是為了要再落下。

起落轉換在哪個瞬間？

您的耳朵是否靈敏，能否聽見海洋的呼吸聲？

是的，浪出於潮，生於海洋，也不須離開海洋，

這就是出生。

別想用您的粗手碰他，您一點也不了解這神祕。

但孩子知道，來自海洋的水滴也知道。

浪潮將他推上岸，又將他帶回海裡，

為了把他帶到更高的地方。

再一次，他就離開潮水了。

他與水分開，到了陸地上。

他很害怕，他嚇壞了。

讓他在那裡待一下吧。

靜心等待。

這是孩子的第一次覺醒。

這是他的第一個黎明。

讓他感受這富麗雄偉。

在他忘卻夜晚和他的夢想王國前，都別打擾。

我們跳進了時間，離開了永恆，

孩子開始呼吸！

16

其餘的，您可能會說，只剩下枝微末節。

一旦建立呼吸系統，一切就完成了。

成敗都已有定論。

不過，一如往常地，我們不該忽視細節的重要性。

例如，我們該怎麼把寶寶放在媽媽的肚皮上？

我們應該要將他側放，趴著，還是躺著呢？

千萬不要直接讓寶寶背部平放。

長時間蜷曲著的脊椎骨，一下被弄直，儲存在裡面休眠中
的能量，會瞬間流失。

像是火山爆發，所造成極大的驚嚇。

讓孩子準備好時，再自己把背拉開吧。

別忘了，每個孩子都已經具備著自己的個性，脾氣和節奏。

也有些寶寶在出生時，就把頭舉起來，拉長身體，伸出手臂說：「我在這裡。」

這些寶寶很強大，在新世界裡馬上就稱王了。

他們的脊椎被大力拉直，如拉滿弓待射的箭。

不過有些時候，寶寶會被自己的聲響和勇氣震懾而退卻。

其他寶寶會先捲成一小顆球，一點點的打開，小心翼翼地探索這世界。

最好能讓孩子腹部向下，手臂和腿藏在裡面，畢竟我們無法預知這個寶寶帶著哪一種性格。

腹部可以自由地呼吸，寶寶也能在這個熟悉的姿勢下，找出自己的速度。

之後，寶寶腹面向下時，我們能從背面觀察他的呼吸。

事實上，背脊的彎曲和開始呼吸是同一件事情。

我們觀察到身體的每一處都在呼吸，不僅是胸，還有腹部，

特別是可以從側面看出。

不久後寶寶像是海浪從頭到背流動，整個人只剩下呼吸。

帶著子宮收縮的影子，浪潮推著寶寶上岸。

也像是看著樹木成長。

先是一條手臂，通常向右，像樹枝一樣。

然後再伸出另一條。兩條枝幹都很訝異沒有被誰阻止，原來還有這樣大的空間可以無限延伸。

他就像在吸收能量，長出枝幹。

呼吸之於孩子，好比樹液之於樹木。

再來是腿。

一條接著另一條，像樹根，有一天能支撐著大樹。

因為已經征戰好一段路，才離開了魔法洞穴，目前為止他們還有點躊躇不決。

為了緩解他們的焦慮，我們可以做的是給他們界限：張開手讓孩子的腳底可以踢到，輕輕地施點力給予協助，

同時讓孩子可以回踢，否則孩子會覺得彷彿「沒有雙腳」。

漸漸地，萬事具備，每一件事情都和諧到位。

慢慢串連在一起，更大膽地、更熟練地伸展著小小身體的各部位。

從香甜的睡眠甦醒，寶寶開展出自己的一套完整感官。

現在將孩子側放，他的四肢比較舒服，背脊也能保持彎曲。

我們輕手輕腳地，不要嚇到剛醒來的孩子。

切記，要保持支撐點，將一隻手放在寶寶的臀部做為椅子，另外一隻擁著上半身。

最好不要碰到寶寶的頭，首當其衝，仍舊敏感，任何碰觸都會讓他想起那痛苦的記憶。

孩子現在很平靜，臍帶也停止跳動了。

我們將臍帶剪斷。

現在我們可以繼續下一個步驟了，但記住，

要很慢、很小心。

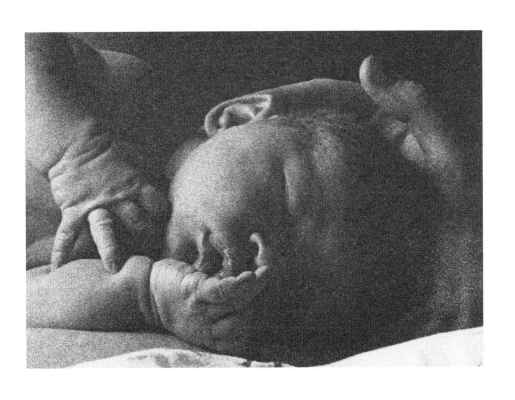

17

好漫長的旅程呀！

我們終於離開了水，順利著陸。

離開了屬於魚群的、水平的黑暗王國。

這是我們第一次抵達地球，令人十分驚喜！

地球乘載了我們，是的，她同時也擁抱著我們。

任何事情都得有代價的，我們感覺到重力。

我們得開始爬行。

天空中降下神聖的光線，鼓勵我們探出頭來。

天空在我們的頭頂，要我們站起來行走。

多麼漫長的路途呀，從礦物到人類。

要想品嘗人生的喜樂，就得回望這條路徑，回到原點，生命的初始，就像是重新走過一遍。

為了表示對大地之母的敬重，我們雙膝跪下，折起雙臂，和一顆謙遜的心，對地一拜。

我的前額沾上塵埃時，說，我相信在祢的智慧與愛裡，祢是無限的。

我深深地吐氣,將所有的一切淨空,暫時停止呼吸,就如同即將出世的孩子,尚未探出頭來品味這個世界。

對承載他的、虧欠一切的人,獻上崇敬之情,回到他來的地方,我們生命的最後也會回到同樣的地方,起身。

像箭已離弓,在展開身體時,被空氣和喜悅充滿著,滿是活力。

這過程像是禱告,祈求人生的圓滿,有如重生。

誰會在慌忙的情況下祈禱?

我們難道不能給孩子多一些時間?這個才剛來到這世界的孩子。

18

再來談那雙碰觸到新生兒的手。

孩子最先接觸到的就是這一雙手。

這是他們的第一場冒險。

他們說著肌膚的語言，觸碰的語言。

也就是母親和胎兒一直以來的溝通方式。

在子宮裡，胎兒用他們的背，接收母親的訊息。

他赤裸地出生了，一時還找不到方向，

因而感到迷失而煩惱。

通常醫師、助產師和護理師的手勢，要不是過燙、過重、太慢，或是少了韻律感。

少了愛。

這雙手是這樣的不小心，又移動地過快、突兀地嚇到孩子。

原因很簡單，因為他們不了解這件事對孩子的意義。

和這世界的第一個接觸。

第一個驚喜，幾乎是恐怖的經驗。

我們的任何動作，對剛開始進入時間的新生兒來說，都過分倉促。

孩子就會反抗。

要讓我們稚嫩的旅行者接納這世界的奇異、冰冷，我們必須把新的環境弄得有一點像是他來的地方，

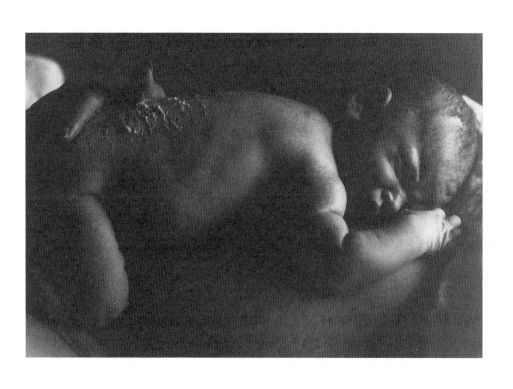

以縮小過渡時空的差異。

那雙手不但得很輕柔，也要很肯定。

最重要的是，要非常非常緩慢地移動，要不間斷地按摩寶寶的皮膚，而不只是拍拍安撫而已。

像其他剛出生的小動物需要被母獸舔吻，有些甚至會因為少了這一個動作而死亡。

孩子同時是在媽媽的肚皮上，讓他能重拾熟悉的節奏，子宮收縮徐徐的、有力的、連續不斷的動作。

孩子感受到的，不再是分娩的狂暴颶風，而是一陣陣地擁抱，訴說著母親的愛。

回到美好時光，母親搖著寶寶，哄著他。

一切都被愛環繞著。

這雙手撫過他的背，一次又一次，像是一陣一陣的浪，安謐且不可抵擋地打在岸上。

簡單卻神祕的旋律，只有戀人知道……天生的直覺……

戀人！

但是……這是在跟孩子做愛吧！

如果做愛是為了撫平裂痕，修復分離的傷痛，那麼是的。

做愛是為了重返天堂，朝聖者回到泉源，回到原始的海洋，河流匯聚的地方。

每一條河不再有分別，沒有終點也沒有起點，您大可以將自己交給大浪，這一次，相信可以與彼此合而為一。

19

除了節奏和動作之外，有些時候，寶寶也能感受到靜靜放置的雙手想要傳達的訊息。

通過雙手，寶寶能感覺到所有的事情：緊張或安定，詭異或安全，溫柔還是暴力。

他很清楚這雙手是否愛他，或是正在分心。他也感覺得到，自己是不是被拒絕了。

在充滿關愛的手心裡，寶寶覺得安心，準備要開展他自己。

在僵硬惡意的雙手中，寶寶覺得像被爪子抓住，他把自己關上，躲進焦慮恐懼中，尋求庇護。

隨著海浪般的呼吸，在撫摸孩子之前，就把雙手靜靜地放

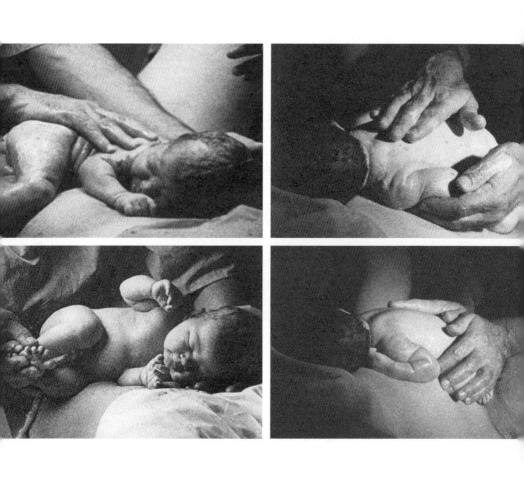

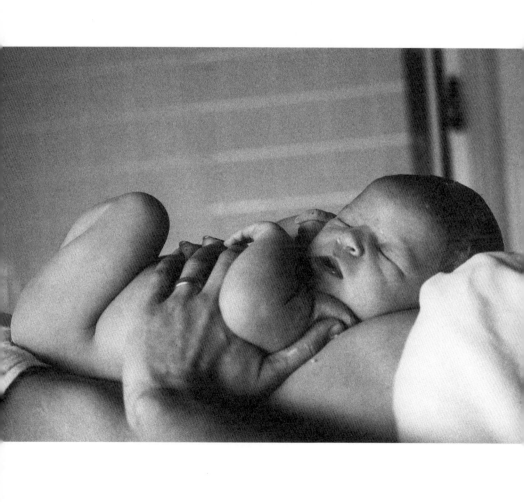

在寶寶身上吧。

　　四處遊走的手，別怠惰、別分神、別心不在焉。

　　專注、充滿生命力、關注著的手，連一絲顫抖都能察覺。

　　輕柔的手，什麼也不問，什麼也不說，

　　就靜靜地在那裡。

　　輕，卻帶著溫柔的重量。安靜地。

20

　　誰該去擁抱孩子？當然是母親的雙手。

　　無庸置疑，只有母親的手知道……剛剛所說的一切。

　　有些事情難以學習，卻容易忘記。

　　有多少母親會馬上去碰碰孩子，或是抱著他在懷裡搖，摸摸他……

　　有多少母親的雙手一點都不靈巧，相當僵硬，如失去生命般。

　　有多少母親還沒有足夠的時間，從自己害怕的情緒抽離，

那窒息的感覺，讓孩子也快要無法呼吸。

幸運地是，有些沒被疼痛控制的母親，還能感覺到自己的身體，抱了抱孩子，摸了摸他。

要想在這困難的習作裡順利過關，母親得在歡愉的情況下生產，重新找回自己的身體，了解如何控制負面的衝動。

我確信，母親在喜悅的同時，不會壓到孩子。

接著，當我們將這個新生命放在她的肚皮上，當她把雙手放在他身上時，她會喚醒一切：

考驗，對我來說，已經結束。

對我的孩子來說，正要開始。

孩子第一次醒來，剛踏入瘋狂的冒險時，會很害怕。

孩子會害怕恐懼。而我知道這種恐懼。我知道母親可以多麼冷淡地對待寶寶，而對他造成傷害。我希望可以避免孩子受到這樣的傷害。

讓我們先等等，別動作，別讓寶寶更焦慮。

寧靜和靜止可以是美好的經驗，讓我們先停在這裡，不要移動，不要著急，不要多問。

首先要避免增加孩子的緊張感，不要嚇他。

接著，為了對孩子表示尊重、真誠和無私的愛，母親將手靜靜地放在寶寶身上。

靜止的手，切勿狂喜、激動、發抖，而要平靜、輕柔，傳達出內心的寧靜。

雙手傳達的愛，安撫了孩子的懊悔之情。

21

懊悔？

對，懊悔不已。再一次出乎意料之外，新生兒竟如此的害怕、哀傷，

但事實就是如此。

出生這個概念基本上將孩子視為被動的角色，不帶有個人色彩。出生，是母親或者說是子宮收縮完成的。

這並不是事實的全貌。

大多數的希臘人都認同希波克拉底醫師的思想，認為孩子主動尋找生命的出口。當腹中胎兒覺得食物不夠了，便開始在

懷孕最後階段，試圖離開目前的庇護所。胎兒開始踢腿，以找到通往自由的路。

當時早已接近真相了，如今我們知道孩子身體裡的賀爾蒙，激發了產程的開端。

透過許多不同的方式，孩子好像是主動決定要出生。

無論如何，他感覺到必須要為了出生而奮力地戰鬥。

悲劇發生在出生之後，當孩子贏得了勝利，卻失去了母親。

我媽媽不見了！

無以名狀的罪惡感和恐懼。

此時，母親若能用手溫柔地撫摸孩子，就好像說著：「我在，我在這裡。別害怕，我們都很安全，你和我都很好。」

22

許多母親不知道該如何觸摸她的寶寶，相當膽怯的樣子。

母親裹足不前，好像被什麼阻擋。

深深壓抑的感官，使母親只敢用指尖碰觸嬰兒。

那是因為孩兒剛從一個我們不願提及的身體部位出來，我們婉轉稱那地方為「自然通道」。

　　自然到我們也不該去談論。別露出來，更別討論，就當作不存在好了！

　　是，孩子是從「那裡」來的，藏在陰暗處「隱晦」不已，有趣的是，最好與最壞地並陳於此，性和排遺。

　　孩子自然碰了他的性器官，馬上被訓誡：

　　「別碰！很髒。」

　　這也是真的，便便，髒。

　　好的壞的，允許的禁止的。

　　這嬰兒「從這」出來了。黏黏溫溫的。

　　要是還不知道我在說哪裡的話，再用別的詞說看看。

　　孩子是從那不可說的部位出生的，有時我們會叫它「私處」「妹妹」，但更常沒有名字，也好像不存在。

　　要我摸……

　　我做不到！

　　女子被亙古的禁忌束縛癱瘓，她還無法決定在肚皮上的這個東西，把他生出來的這段經驗，到底是熱情的喜悅，還是無

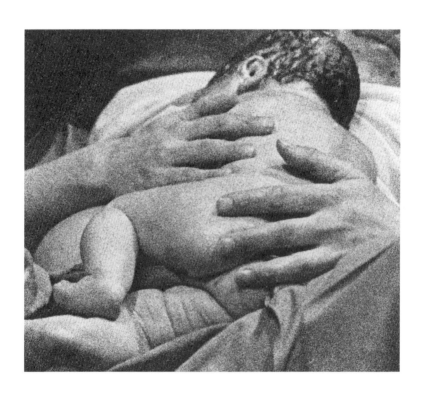

比的噁心。

　　把女人的手放在寶寶身上時，很容易就察覺那種抗拒的心情，無法抵抗的羞怯。不過，一旦這樣做的話，就可以建立起母嬰連結。啊～多麼愉悅呀！

　　母親和寶寶之間的圍籬就這樣消失，是非善惡的分野也被擊垮。

　　撫摸寶寶的女人重新找到了自己，她是如此純淨單純，完美無瑕，自由無罪，沒有陰影。

23

　　讓我們回到孩子身旁。

　　他飽滿的呼吸讓我們知道一切安好。

　　臍帶已經剪斷。

　　感覺好像過了好幾個世紀，但事實上只過了幾分鐘，三分鐘，最多六分鐘。我們將注意力都集中在孩子身上，與之合而為一到出了神，忘了時間。

我們身處何方？如此安寧，與出生時的哀嚎毫無關連。

如同順利無痛生產之後，我們依舊難以相信地困惑著，此時這和平寧靜的出生，也讓我們驚訝不已。

沒有任何人發出聲音。

無論這時光對媽媽和寶寶來說多麼幸福美好，都得劃下句點。

再遇合，重新產生連結之後，再一次與母親分離，往寶寶的自由之路前進。

接下來我們要很小心地決定，孩子要被放在哪裡？該怎麼做才能減低「孩子離開母親身體」時的驚嚇感呢？要怎麼才能讓這個經驗不再是恐懼，而是喜悅？

又冰又冷的磅秤？棉布包巾？無論再怎麼柔軟，也比不上內臟脂肪呀。

於是：

把寶寶放回去吧。

離開母親溫暖香甜的肚皮之後，讓寶寶繼續享受溫暖香甜的感覺：

溫水。

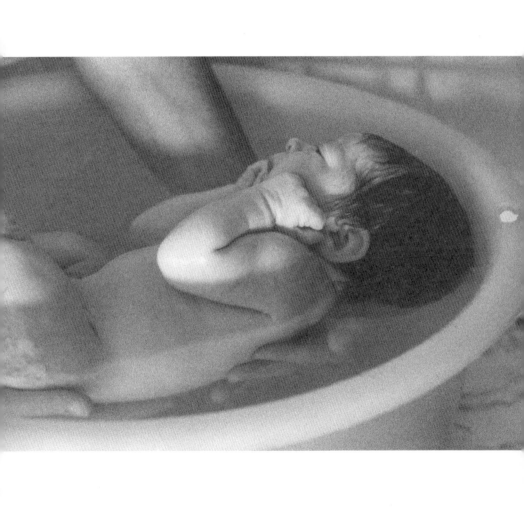

孩子來自於水體，他畢生都在裡面，水是如此地溫柔，如此地熟悉，抱著寶寶，搖著寶寶，讓寶寶好輕好輕。

孩子沉浸其中，開始放鬆。

地心引力消失了，孩子拋下了讓他身心疲憊的諸多感官，多麼嚇人的新世界。

我們很慢，非常緩慢地將孩子放入一盆溫水裡。

大約與孩子的體溫相仿，或是再高一些到 38、39 度。

寶寶漂了起來！靈魂輕飄飄地，回到不久之前還能在無邊大海嬉戲的日子。

他回來了！好似未曾離開過，也忘記了母親，他拾回自己。

首次與母親分離進行地很順利，像是好玩的遊戲，不痛苦也不煎熬。

在溫水裡捧著寶寶的手，也感覺到寶寶的身體慢慢放鬆。

原來緊繃、僵硬的身體，慢慢開始跳舞，漸漸地活過來了。

那些恐懼、僵直就像在陽光下的雪，開始融化。

喔！奇蹟似地，孩子睜大雙眼。

這一瞥令人永生難忘，一雙大大深邃的眼睛問道：「我在哪裡？發生了什麼事？」

眼神裡的專注，真實的存在感，如此地訝異，深深地打入我們的心裡。

我們這才發現，一個生命真的在這裡。毫無疑問地，這個人一直躲在恐懼的後面，因為害怕才緊緊閉著眼睛。

我們這才看見（好像之前一直都看不見！）孩子早在出生之前，他的生命就已經開始了，出生只是故事的一個環結而已。這對著我們問問題的人，「早就存在」好一段時間了！

參與出生過程的人都看見這雙眼睛睜開了，也感覺到孩子問問題的重量，而難以置信，同聲訝異地問：「可是……但，這沒道理呀……他看得見耶！」真的像是我們聽到的那樣「看」見了嗎？新生兒看到的影像也許和我們不同。

「新生兒什麼也看不見，也聽不到，更沒有任何感覺。新生兒在剛出生時還太小了，沒有意識……」當我們面對這雙質問的眼睛，深邃的眼神，微笑的眼角，我們再也不會懷疑。

新生兒真的在用自己的方式和我們溝通，用我們已經失去的能力。此時，我們覺得很慚愧。

24

接下來所發生的更令人嘖嘖稱奇。

不再害怕的孩子，開始接受新的一切，也不再那麼驚訝，開始感受自己身體的奧祕，檢視他新的王國。他轉轉頭，右邊左邊，慢慢地，轉了一圈，轉到背後頸子能到達的極限。臉上出現了輪廓。

一隻手動了起來，張開，關上，伸出水面。手臂跟著手一起浮出，伸向天空，撫摸感覺著空間，再回到水裡。像是芭蕾舞者單腳站立，另一腳與之成直角，另外一隻手，交替伸出水面，兩隻手一起一落，相遇擁抱開合。

雙手漸漸甦醒，相繼擁抱彼此，再次分開。有時其中一隻停下來做做夢，與柔軟的大海合而為一，之後，再換另一隻。

這雙手像盛開的花朵。暗潮懷抱著大海輕輕搖著，海葵也輕柔地呼吸著。

剛開始很害怕的那雙腿，不敢一起在水裡遊戲，現在也動了起來，一隻腳突然離水，然後另一隻碰到了澡盆的邊緣，寶寶整個身體很快地縮了回去。

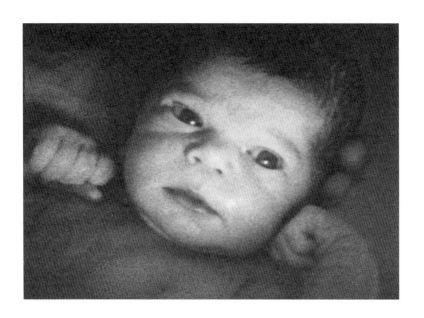

好喜歡這場冒險的他又再試了一次……有時是海草、有時像魚、他是一隻小龍蝦！他玩得好開心，從出生到現在也才不到十分鐘！在這深沉的寂靜裡，寶寶時不時地的哭聲，標註了這齣芭雷舞劇時而訝異、時而驚喜的情緒。

時而嚴肅、時而嬉鬧，孩子裡裡外外地探索空間，發現新奇的事情。

全神貫注，絕無冷場，孩子毫不分心，全心全意地在「這」，充滿熱情地觀察自己的身體，跟隨並發掘所有的可能。

開心幸福的孩子，這裡只有一體、連續，和完整性。所有的身體部位都一起動作，在他體內運作，和諧不已。

該如何不羨慕、不嫉妒他，我們是如此破碎。我們只剩下散落和分神，不停地夢想可能到別的地方去，簡單地說，我們無法在「這」，活在「當下」。

現在，臉活過來了，嘴巴閉合，嘴唇動了，話語進進出出。

終於，好像只是偶然找到嘴巴，孩子把拇指放了進去，開心地吸吮起來！手離開，又找回這讓他開心的地方：嘴巴！如果他可以放進一整隻手，就不會只放一隻手指了。

喔，享樂花園，多麼迷人的新世界！孩子還會緬懷過去不

成？這花園裡其實躲著怪物：飢餓是可怕的野獸，尚未露面。孩子並不在意，畢竟開始時的一切如此美好，特別是那冒險的滋味。怪物要來就來吧，沒什麼能嚇倒他，他知道該如何面對。

　　孩子可以在水盆裡待多久呢？他自己會決定。

　　直到小小的身體不再抗拒，不再遲疑，幾乎不再緊張，也不再僵直，剩下最少的結，最輕微的疑惑，到他完全地放鬆為止。我們必須要感受到所有動作都很自由，一切都運作地好好的，一切都是喜悅。

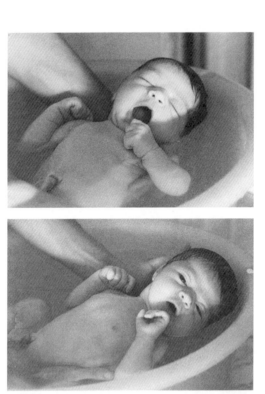
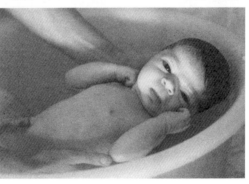

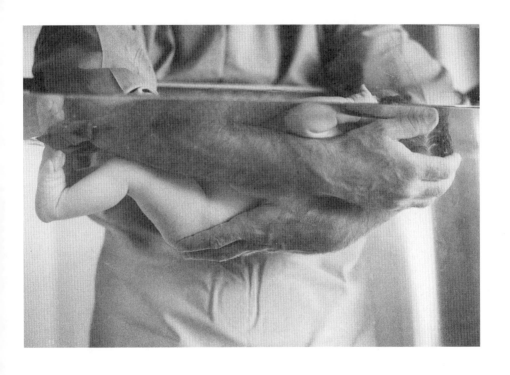

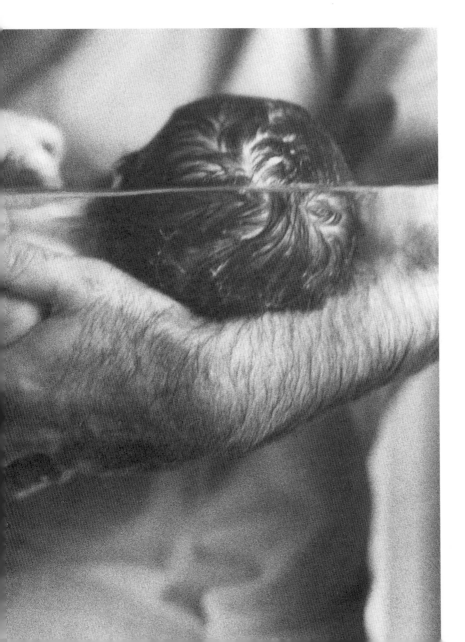

25

目前為止所有的恐怖都已經驅除，來的歷程和過去也都被
拋在腦後，該是離開水體和舒適感往前進了。讓我們再一次離
開大海，來吧，在岸上踏下堅定的一步。

第四站，在出生旅途中的第四步。孩子會離開水面，再出
生一次，這一次充滿意識。離開水之後，他找到了新的領導者：
重力。面對身體新的負擔，他沒有過分驚訝，優雅地接受了這
些新的關係，再一次當作有趣的遊戲。

接著孩子慢慢地被移出水盆，與把他放進去的時候同樣緩
慢。他感到身體的重量，開始呼叫。我們把寶寶放回去，再一
次，我們就出來了。

強烈的感官，但已經不再那樣陌生得嚇人，只要寶寶能辨
識，對他來說都變得愉悅、好玩。全世界的孩子都會想要再嘗
試一次。

躲貓貓這遊戲的精髓不就是把自己弄不見，然後再找回
來。也好像是盪鞦韆，來來回回地，身體一下輕一下重，都是
和地心引力的遊戲。我們第一次玩的時候，是多麼地驚訝到有

點害怕、覺得自由極了、又有點害怕、然後放鬆……

被新的感官馴服的孩子現在可以離開水盆，繼續前進了。

這個世界是很冷的！我們將他放在事先預熱好的棉毛包巾上。我們小心地將頭手露在外面，以保持寶寶遊戲的自由。將寶寶側面放下，因為我們已經知道把背面放下為什麼不好了。側躺的話，寶寶的手和腳較容易運動，腹部也好呼吸，頭也方便轉動。

我們要支撐寶寶的背部，讓寶寶穩定，讓他的後背覺察到有什麼東西讓他安穩、得到撫慰，然後我們就可以離開。

出生之旅的第五站，第五步。這是頭一次孩子獨自一人，並且他發現自己……不能移動，多麼奇異的經驗呀！

又一次被這樣絕對的新穎震懾。九個月以來，像尤利西斯那樣，孩子航過大海，他的宇宙從來沒有停止轉動。

時而溫和，時而嚇人。母親的身體不也這樣動個不停？就算是在母親停下來或睡著時，母親的呼吸，伴隨著橫膈膜的鼓動，像颶風一樣，孩子的感官不曾停止擺盪，有時和緩，有時粗野，總是暴風多過神祕的湖泊。

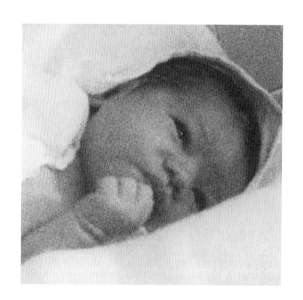

剎那間，真正可怕的事情發生了，一切靜止！前所未見！沒有任何動靜，小宇宙凍結，一動也不動。在不久的過去，漫長的旅途中，孩子還未遇過，驚嚇至極，他開始呼叫。他在孤寂中醒來時，再次察覺自己無法移動，要在這世界裡活命是這樣的艱難。

小冒險家無所畏懼，他已經經歷過一次又一次的新發現，他愈來愈謹慎小心，帶著更多的專注力和才智，如今沒有什麼可以嚇著他的。

他不是因為感到孤單而哭喊，而是因為他被困在冰裡，動彈不得。

他很清楚我們知道他的處境，讓我們理解他。

他知道

我們知道他知道

他在這裡。

只消如此，他便有了自信。

與其抵抗前所未見的經驗，他決定要歡迎它。

他檢視它，品嘗它，很快地就在裡面找到快樂了。

當新生兒大叫時，勇敢毫無畏懼的小英雄，一雙大眼睜開，卻很沉靜。

有時哭了一聲，便有了改變，但那只是驚喜的表示。

或是情緒的波動：孩子表示還不想要離開水盆。

但怎樣都不是嗚咽，驚恐，也不是歇斯底里。

孩子就是知道自己喜歡什麼不喜歡什麼，

而且能表達自己的意見。

於是，他當然在離開澡盆時，抗議了一下。

不過，在發現新的經驗，也有另外的快樂時，

難以想像，他便安靜下來。

在寧靜中他感受著這全新的（也可說是）嚇人的經驗：

無法移動。

他發現外面的世界，他之外的世界，動個不停，一切都在運動。

我的天呀，這真是太奇怪了！

腿和臂膀倒是還在身上。手不斷地探索，觸摸。

在這殊勝的平靜，深沉的重力裡，孩子視察著他新的王國。

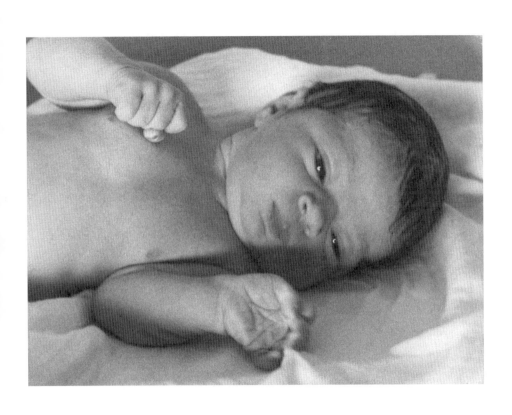

新生兒發出一股力量， 意外的和平。

全面地覺醒，極為專注地他光芒四射。

經文裡提到聖嬰：「如果你不再像孩子那樣……」

抑或是，更好的說法來自老子：「含德之厚，比於赤子。」

聖人的高雅不比一般人的優雅，

而是力量，是生命，

從嬰兒身上發散出來，在一片寧靜之中，

如光芒，使周遭的人沐浴其中，

能感覺到，感知到，

安靜下來

聆聽。

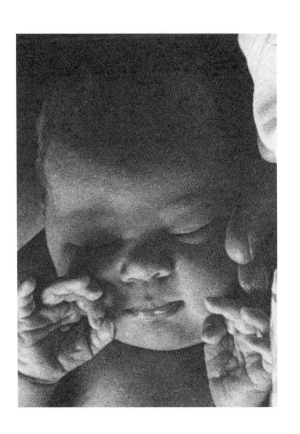

第 *4* 部

為學日益，為道日損。損之又損，以至於無為。

無為而無不為。取天下常以無事，及其有事，

不足以取天下。

——《道德經》

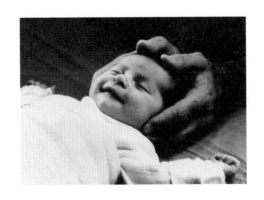

1

快樂如尤利西斯。

史詩般的冒險就要在此進入尾聲了。

離開大海上的風浪，但這一次，有意識地

張大雙眼，找尋著母親。

在慶典前、在團圓前夕，

他不再害怕那名為「孤寂」的怪物。

清楚地意識自我與身體的存在，

孩子終於來到了母親的胸前。

平息了所有的痛苦。

更無須像是抓到第一根浮木那樣的心急。

遠富盛名的乳房，

美好、溫暖、無私又豐滿。

「奶與蜜的樂園，人間美味，

我的母親如此美好，

妳如此美麗！」

孩子看見了，

也飲著母親的美麗。

母親看上去很美，是因為她俯瞰著孩子。

這孩子真漂亮。

他甚至喝著那雙眼睛

愛

充滿她的心

好似乳汁

填滿他的小肚肚。

讓這兩個人獨處吧。

在經歷好似沒有終點的折磨之後，

終能相伴，互相狂喜。

一切都達成了，一切如此完美。

就連在找尋答案的我們，也很滿意這結果。

我們一直在問：究竟是什麼讓出生這樣恐怖？

我們說：「得先了解這些可憐的孩子在出生時到底想要表達什麼？他們的哭喊，用手腳臂膀，這些剛出生的小東西到底想說什麼？」

他們說：「好痛。我在受苦。」

甚至還說：「我好害怕！」

懼和惡是一體兩面的。

「我好害怕！我好害怕！我好害怕！」

可憐的孩子們哭喊著，呼求著把他們生出來的母親。

當然沒有人直言，

但他們可憐的身體，和母親的身體承受著極大的痛苦，

動彈不得、緊繃、反抗的身體，痙攣、抽搐，訴盡驚慌、恐怖。

一代傳一代，女人出生時親身經歷過的恐怖，

如實地重新上演。被刻意忘卻的恐懼，讓這經驗不斷重現。

但我們真的想不斷複製下去嗎？

2

未知的恐懼，

全新的體驗，

無法比較，無法辨識。

有些奇怪的事情發生了。

只有不斷給予參考座標，才能讓新生兒不那麼害怕。

無比緩慢的速度、小心翼翼，將新的國度介紹給寶寶。

您可要慢慢地給，他才有機會接受這麼多新的感受。

在這過程中，過去的記憶和感觸會一直被放大。

他得要提起勇氣。

面對這個未知且充滿敵意的世界，一旦他抓住點熟悉的什

麼，便能緩口氣，安撫自己繼續前進。

讓我們再一次想像「被生出來」是怎麼一回事。

我們這些旁人，旁觀的成人，可否看見這個事實？

零。

或一丁點。

我們的感官漸漸遲鈍、麻木，不比「年輕」時那般精細、清新。較難感到驚喜或是創造驚奇。因為許多自我設限，顯得綁手綁腳。我們就是這樣。

所以重點是？

聽好了。

不同的人，擁有什麼不同的視角？

農夫：農場或是農作物。

經濟學家：配股。

造橋工程師：這橋得重建，

造路工程師：來設計路線。

畫家：影子、雲朵、地平線。

砲手：大砲的位置。

事實：上千種景觀。誰能一眼看盡呢？也許上帝可以，卻沒有人能做到：可憐的人類可能會發瘋。這就是我們的養成，我們的習慣，對我們的設限，保護我們別被無限大的事物嚇得

發傻。

而新生兒少了點這樣的機制：完整、大量、未被過濾整理的刺激，一股腦兒襲來。

一雙手得多麼輕柔，才能給予豐富安全感，協助寶寶靠岸。

任何拙劣的手勢、分神、不耐煩的動作，都會讓之前的努力白費！

寶寶開始尖叫。

3

我們又問：「究竟是什麼原因讓我們看不見，也感受不到『他人』眼中的現實呢？」

現在我們已經看清了，是自我，那小小的我執，我們不由分說的慾望，胃口，和更多的害怕。

斷臍帶這件事情通常得花上一整天，然而只有人類還被困在這個盲點。

不論是母狗、母貓、母羊還是母牛，都會等到臍帶主動停

止脈動。

　　人類竟然反其道而行。在產房裡，孩子都還沒有好好生出來時，臍帶就被剪掉了。

　　難道人類是想快速切斷與孩子的連結？這難道不又是一樁看見人類吹噓才智的證據？

　　再回到產房，任何動靜都讓人緊張、一觸即發。或許我們要跟那些通情達理、充滿智慧的動物們好好學習。

　　緊張感隨著分娩的階段，逐步高升。

　　縱使他們已經有很多助產經驗，醫師和助產師仍覺得擔心。他們也不是莫名地選擇這個職業，很可能是在出生的經驗中發生了什麼，使他們在接生的過程中，喚醒心底深處的記憶。在即將出生的緊張時刻，情緒高漲連呼吸頻率都改變了。電壓攀升，無意識地迴音效應充滿渲染力，也放大了情緒。最後，寶寶終於來了！

　　每個人都屏息以待，無意識地，和寶寶產生共鳴。寶寶有呼吸嗎？眾人近乎要窒息地圍觀著

　　胸部緊鎖、喉嚨打結。

　　出生是一場悲劇！你們還看不清楚嗎？

天啊！這些女士們、先生們竟然沒有幫寶寶接上氧氣：寶寶漸入險境。必須要做點什麼！要活下去的話，必須得……呼吸，張開嘴巴，一口接一口。馬上奏效：寶寶大聲尖叫了。「啊～他喘過氣來了！」男子鬆了一口氣。「啊～我呼吸到空氣了！」說得煞有其事，其實是他的喉嚨爆出了哭聲。

　　這位男子，才是真的差點窒息的人。孩子帶著臍帶，根本沒事。男子將自己的悲痛，投射在寶寶身上。這孩子跟代罪羔羊一樣，可憐地哭喊著。是否肩負我們的原罪？喔不，是我們的恐懼！天大的誤會呀，如此不幸的悲劇！因著如此沉重的原因，才會作出如此不合理的行為。原因？這一切有道理可循嗎？

　　男子在不知情的情況下，被自己的情緒牽引著。「學習遷移理論」在他身上發生、影響深遠，卻很少人知道。我們引以為豪的教育，正是如此影響著人們思考。

4

還遺漏了什麼嗎？

在厭倦討論之前，讓我們最後一次來談出生時的哭泣。

「孩子必須哭嗎？」我們的探問始於這個重要的問題。在討論的過程中，難免產生嚴重的誤會。答案很清晰明瞭：「是，孩子得哭喊。」得好好地哭出來。寶寶的全身上下一起用力，發出精神抖擻的哭聲，完美的張力。

假設孩子「驚喜地」出生，我們可以在最短的時間內做足準備，讓孩子溫柔地哭一下，這哭聲直白且滿足，而不是大聲呼叫。

方法很清楚，不該屈服於種種誤解。

倘若孩子來到這世上時，被臍帶絆住，想都不要想，我們會毫不遲疑地快速將臍帶剪掉，讓孩子不受束縛。

這些概念在執行面上，近乎常識。就好比已經準備要接受剖腹的女人，就不會為她準備無痛分娩的流程。聽到這裡，好像用這麼幾句就反駁了之前的討論。孩子出生時一定要哭個一兩聲，這樣一兩聲就夠了，然後他就能呼吸。我們先前反對因

著痛苦、悲傷、恐懼、孤單的哭喊，跟這裡說的哭聲不同。這裡的哭聲裡寫著力量、生命和心滿意足。

沒有眼淚！無須哽咽！不需要特別的耳力就能分辨，只要一點專注，就足以發覺新生兒聲調裡的差異。不需要說話，他便可以表達許多事情。

細心聆聽，生命之聲和勝利之調，很清楚地與悲傷、痛楚與害怕的哭喊聲不同。

每個孩子出生時都是這樣和緩的嗎？剛出生時都會輕快地唧唧叫嗎？是……也不是。與書上說的往往不同，每一個孩子都用自己的方法來到世上，也許步驟相同，但每個人出生的速度快或慢，簡單還是困難，都是依循著寶寶各自的天然脾性。每個孩子有自己的人格特質和個性，不論小兒神經科醫師或是心理師同意與否，母親們可以見證。

我們很想這樣說：那是智力的記號呀。對，智力！

仔細觀察小臉上的變化，這孩子在掙扎、戰鬥，他控訴著不被理解的心情。不被理解？那是什麼？那就是出生呀！

是的，對那些願意細看面相的人來說，這一切再清楚不過了！這雙終於張開了的雙眼，說：「……我在哪裡？發生什麼

事了？」當孩子終於感到並察覺：「啊～我出生了！」便停止掙扎。

智力不就在此時顯現了，怎麼還會懷疑呢？才智？意識？還是純粹生命的勇氣？以上皆是。在這星球上每個人都知道人類相當獨特。母親的聲音安撫平息了暴風雨。當母親因為接受全身麻醉而不在時，父親的聲音就是在場已經聽過且熟悉的聲音了。

在經歷出生如此創傷的經驗後，在水中才能發揮魔力。

靜止不動，不要介入、避免輕舉妄動，平和靜心等待，給孩子點時間「找回自己」。

十分鐘，或再長一些，小小的身體就可以放鬆，重新拾回身體的感受，害怕的感覺也會漸漸消融。萬一我們沒能在此刻小心地拭去這記憶，便會留下情緒的傷痕。這些孩子這輩子將會帶著非理性的懼怕。我們怎麼知道這樣做就會有「勝算」？答案很簡單：張大眼睛，持續地看著。分娩困難的情況下，孩子花了較長的時間才能展開冒險。我們看著他張開雙眼。又閉眼。他非常害怕，雙眼再度張開，又再闔上。孩子就快要抵達了。他不敢動。怕做了什麼，會更害怕。怕成為「更大的罪

人」。

　　終於，能好好地張開雙眼。「……我這是在哪裡？發生什麼事了？」孩子用了超人之力，才能開始了解。我們看著整個過程，最後，我們看見，也感覺到這孩子終於明白了：「啊～我出生了！」

　　因此，是的，是有勝算的。孩子出生了。也會留下來。

　　另一個驚喜是：世上沒有醜陋的孩子。有些在出生時，有點變型。當他們剛出生時，通常有點糟糕。臉很臭，看起來一點都不懂得感恩，我們怎能不感到退縮？其實，這臭臉只是張面具，害怕的面具。驅逐害怕之後，面具就會落下，面具底下的人才會浮現。這巨大的轉變，從嚇人的孩子瞬間變得俊美不已。對呀，沒有孩子是醜陋的。那些醜小孩只是戴著面具。有了愛，面具就會掉落。

5

「喔～好吧，我同意有人會說，出生對孩子來說不是個愉悅的經驗。而且，也許對一些嬰兒來說那是場慘劇。但這麼小的人沒有記憶。沒有人在這場出生的悲劇裡面，所以只要忍過即可。」

「沒有記憶？啊，讓我……！」

「那寶寶是怎麼記得，並紀錄下發生的事情呢？大家都知道剛出生時，大腦，至少它的功能還不能運作。」

「或許大腦還未能行使完整功能，但所有能從孩子臉上讀到的訊息都在那呀。」

「對對，的確是那樣。但就這點來說，沒有人能記得。」

「你就是這樣被誤導的。以為沒人記得，相對的，就藏在每個人的記憶裡面。但那經驗是如此的痛苦，記憶便縮回潛意識中，並不時企圖浮出水面。『約拿與鯨魚』，『摩西被大海救回』，象徵符號都很清晰：關於險逃於溺斃死亡。」

「好吧，如果這樣想，也是有可能的。但您知道，那些象徵意義總讓我昏昏欲睡。」

「真的嗎？那您不曾做噩夢？」

「對，真的。」

「您從來不曾在寒冷的天裡被叫醒，害怕到要躲在被子裡面？」

「嗯……是這樣沒錯。」

「那問一個更嚴重的情況好了，您曾經呼吸困難嗎？」

「我的呼吸？」

「您有遇過緊急又困窘的時刻，甚至發不出聲音嗎？」

「有，這我得承認。」

「這經驗發生的時間點離您很近、您的感受如此明瞭且十分立即，您清楚的看到意志是如此有限，您的聲音不受控制，甚至還背叛了您。」

「我還是要再次請您提出理由。」

「這難道不是出生時呼吸的狀況嗎？」

「嗯。我快要被說服了？」

「被生出來就好比進入了一個新的次元，新的頻率，人生就在這普遍的脈動裡。我體現了呼吸。呼吸開啟了生命，邀請我們登上這易碎的機艙，現在帶領我們航向對岸。」

進入了一個巨大的世界。

所有的生命，隨著日夜轉換，生命循環，四季更迭，夏至到冬至，無一不呼吸著。

至於您，不管這痛苦是阻礙還是迎向自由，您的人生都要改變的。

不會是您剛好說了：「是的，我也該學學如何呼吸？」說得好似呼吸是「學」來的！

有多少人好像被勒住了，無法完整體驗人生，無法真正地大笑，或是輕聲嘆息。

有沒有可能精神異常的人不能深呼吸？可憐的人好似帶著刑具，腰部被箝制著，無法好好呼吸。這呼吸的自由基本上來自於您的背部，也就是脊椎。

最細小的堵塞，最輕微的壓力，都會阻礙呼吸，癱瘓你的人生。有人可能就終生殘廢了。在新生之際，我的朋友呀，是誰安排了這一切呢？不是我們剛剛說的大腦，而是背脊。我們的悲傷，我們的苦痛。背脊必須要在出生時馬上自由。然後，接下來……

6

終於有其他人嚴正以對的說：

「喔，是唷，出生的確有可能會留下印記，會留下怎樣的經驗取決於之後的態度，孩子面對自己存在的姿態。」

但是他所處的世界將會滿是暴力、惡意、謊言的叢林。他必須清楚知道眼前是怎樣的一窩蜂巢，生存法則即是弱肉強食。再真切不過了，唉啊，那社會正是個叢林。轉頭環視一圈，嚇得頭髮都豎起來了。在決定要不要玩下去之前，有個誤解必須先被解開。

孩子在「零暴力」的情況下出生，指的是避免孩子在剛出世時，頭部所受到的第一下撞擊嗎？這些孩子柔軟、貪睡、愚笨到無法面對生命嗎？

我所說的幾乎相反。

這樣不是很具侵略性嗎？

正是。

但具侵略性，其實是害怕的表徵，僅僅是一副能讓弱者躲著的面具。

而力量是寧靜、帶著笑意、帶有主權性且放鬆地。我們過度著墨「侵略性」，卻沒能看清它僅僅是導火線，引爆了災難。當您很怕狗的時候，牠就會來咬你。

　　幸福如那些不具侵略性的人：這世界靠近，不是為了要擊退他們的弱點，而是受他們的光亮吸引而來。

　　回到叢林裡。

　　十分肯定的是：就算街道上沒有老虎或是熊，城市裡還是充滿恐懼。

　　回溯到我們還住在森林裡的日子，當時學到的懼怕。

　　啥？就算是，也不需要一直扛到今天吧。

　　難不成人類都別去捕魚或打獵了嗎？

　　這些也同樣不合乎時代精神呀！

　　也許該是時候正視梁龍與其他恐龍已經絕種了一樣，我們種植的小麥，和打火石作的斧頭，也都好老好老了。

　　斯巴達的新生兒被摔到地上，成就了斯巴達。

　　我們還需要戰士嗎？

　　但，總有一天會需要的，我們默默地不斷地在找尋暴力。

　　該是時候與讓人難以承受的過去告別了。

對於那些憤怒地重新檢視出生，開拓嶄新視野的人們，我猜他們心裡真實的想法為：「我的一生好苦。我受過的槍傷塑造了我。這樣的爆破也會訓練我的孩子成長吧。」

這幾乎是說：「我受苦受難。現在該是他們吃苦頭的時候了。以牙還牙，以眼還眼。萬惡的報復法則，一刻不罷休，不接受抵銷，哪怕是最輕微的債，我們的孩子為其父母的痛苦，繼續背債。」

「父母吃了綠葡萄，牙痛的卻是孩子。」

誰沒看見伊克西翁的痛苦之輪，那地獄般的循環？

誰不想斷了這個迴圈？

那些懷有惡意，固執地受苦受難的人同聲說：

「女人分娩時的痛苦，一定得如此，她必須受盡苦痛。神希望如此。」

這「一定得」如我們所知，是為了要掩蓋原罪，用痛苦來獲取救贖。

停止對受苦的莫名崇拜吧！

沒有痛苦的出生，沒有恐懼的出生，讓我們睜開了雙眼。

受罪是多餘而無用的，她不能榮耀上帝，只剩一團混亂。

習於仗責與威權，支持受罪的人們，只是單純的盲目。

毫無智慧可言。

至於具侵略性，則是在抗議沒有被愛夠。

還擊只是在傷處上追加羞辱。

那些還不願意理解的人，那些（態度）「堅硬」的人，我
們一定得請老子再次說分明：

「人之生也柔軟，其死也堅強。

　萬物草木之生也柔脆，其死也枯槁。

　故堅強者死之徒，柔弱者生之徒。

　是以兵強則不勝，木強則兵。

　強大處下，柔軟處上。」

　──老子《道德經》第七十六章

輪到我了，我迷路了：

我爭論！

真是瘋了！

爭論無法說服人。

那些心存懷疑的、心懷不軌的，終究會被說服的。

7

還能再加點什麼訊息呢？就最後一個訊息了吧：「試試看。」

現在我要說的其實很基本，簡單到很難去堅持。

無須任何昂貴的設備去監視，或是任何科技與工作機會，去發展那些讓孩子留戀不已的流行玩具。

都不需要這些東西。我們能嘗試給予的，無非是耐心與謙虛。一顆和平且寧靜的心。輕盈卻無瑕的注意力。一點點對「他人」的智慧。哦……！我差點就忘記了。這，需要愛。如果沒有愛，那一切都是徒然。

就算產房裡有完美的光線、隔音牆、浴缸裡水溫適宜，少了愛，寶寶還是會不停地哭喊。屆時別怪罪這本書。

往您的意識去找答案：您心裡那些焦慮、壞情緒和憤怒，都被這新生命看得一清二楚。孩子是不會被欺騙的。這是一個

能判斷錯誤和恐懼事件的機制。他可以讀出您的心，他可以看出您想法中的顏色。新生兒就是一面鏡子，映照出您真實的影像，使您不再讓他們悲傷地哭泣。

8

「是不是還有什麼沒告訴我們的？」

「什麼？」

「那些在寧靜和愛裡出生的孩子，成為怎樣的孩子了呢？他們和其他孩子不同嗎？」

「喔，當然！」

「他們成為怎樣的人呢？」

「這有好多微小的細節，很難說分明。您得自己看看他們。」

「不能說清楚點嗎？」

「您記得我們聊過，孩子躲在面具後面，這面具讓他們看

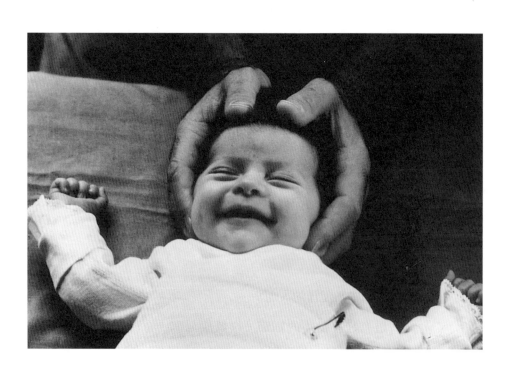

上去很嚇人？」

「悲劇般地，眉頭深鎖，嘴角下垂。嚇人的面具，寫著絕望。」

「是啊。」

「難道還能有別種面具不成？喜劇般地，開心的面容？」

「正解。」

「放鬆的嘴角、彎彎的眉毛，滿眼笑意。」

「就是這樣。」

「這樣的面容從未在新生兒臉上出現過，不可能啦……」

「不可能？您真這樣以為？你來看看……」

「喔喔，這寶寶不只是微笑耶，他在大笑！開懷地大笑。」

「您也看到了吧～」

「這孩子真是讓人開心。不過……這跟我們討論的話題無關吧。」

「咦？哪裡無關了？」

「我們在講新生兒，還有出生耶。您卻拿了張六個月大的嬰兒照片來給我看。」

「六個月大？」

「大家都知道嬰兒要到一定的年紀才知道要笑。至少也要等到一個半月吧，才會像這樣開懷大笑。」

「一個半月、還是兩個月，這都是書上說的（死板知識）吧。這寶寶出生還不到 24 小時……」

「真假？這沒道裡呀！」

「嗯，但這是事實。」

「太不可思議了！」

「在過去的觀念，讓我們覺得這樣的畫面很不尋常，但現在要開始改變了。您知道他也是一個人嗎？」

「另一張面具？」

「不是面具，而是一張真實的臉孔。」

「我有點跟不上您的想法了。」

「情緒是什麼，這樣牽引著我們的心？像硬幣的正反兩面，總是有人喜，有人悲，悲喜是一體兩面，交織相呈的。」

「我同意。但是少了情緒的人生會是什麼樣子的呢？少了兩張面具的孩子，只會剩下一臉的乏味吧。」

「乏味？喔不，情緒來來去去，像海浪有起有落，後浪捲前浪。強風般的強烈情緒，也不會擾亂深邃大海的寧靜。在生命裡，我們是否能忠於真實的情感。看看沒有面具的孩子是如此的美好，臉上滿是安詳與平和。」

　　「內心平靜的寶寶，露出的表情，閃閃發光！」

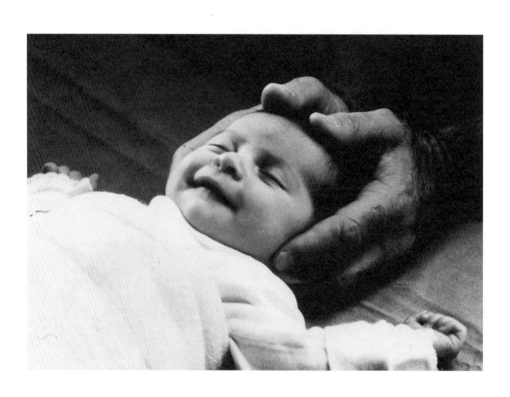

費德里克・勒博耶

Frédérick Leboyer

　　巴黎聯合醫院實習醫師，巴黎大學醫學院婦產科主任。在協助上萬名嬰兒出生之後，要求從醫師的從業名單中除名，放棄從醫。轉而加入作家協會，投身於寫作、攝影、電影拍攝和音樂。其代表作包含《雪山女神－傳統技法－嬰兒按摩》（Shantala - Un art traditionnel - Le massage des enfants, 1976 出版，2006 再版）、《出生要告訴我的事情》（Si l'enfantement m'était conté, 1996）、《讚頌出生》（Célébrer la naissance, 2007）。

綠蠹魚 YLP30

溫柔的誕生

作　　者	費德里克 · 勒博耶（Frédérick Leboyer）	
譯　　者	白承樺	
校　　對	蔡淑婷（法文）、沈嘉悅	
封面設計	萬勝安	
內頁排版	費得貞	
行銷企畫	沈嘉悅	
副總編輯	鄭雪如	

—

發 行 人　　王榮文

出版發行　　遠流出版事業股份有限公司

　　　　　　100 臺北市南昌路二段 81 號 6 樓

　　　　　　電話　（02）2392-6899

　　　　　　傳真　（02）2392-6658

　　　　　　郵撥　　0189456-1

　　　　　　著作權顧問　蕭雄淋律師

—

2019 年 4 月 1 日 初版一刷

售價新台幣 300 元（如有缺頁或破損，請寄回更換）

ib 遠流博識網　www.ylib.com　E-mail: ylib@ylib.com

遠流粉絲團　www.facebook.com/ylibfans

國家圖書館出版品預行編目（CIP）資料

溫柔的誕生／費德里克·勒博耶（Frédérick Leboyer）作
白承樺 譯．／初版．／臺北市：遠流，2019.04
160 面；19×14.8 公分．--（綠蠹魚；YLP30）
譯自：Pour une naissance sans violence
ISBN 978-957-32-8483-3（精裝）
1. 懷孕 2. 分娩 3. 生產

429.12   108002956

Photo/

Photographies de Pierre-Marie Goulet :
couverture, pages 31,55,70,93,98,106,117,118-
119,127,129,152,156; de Frédérick Leboyer :
pages 19,20,84,95,99,101,109,113,116,122,125.
Celles des pages 11,25,27,40 nous ont été
communiquées par I.M.S. à Stockholm.